Die Sprache der Bewegung

MONIKA FIKUS, VOLKER SCHÜRMANN (HG.)
Die Sprache der Bewegung

Sportwissenschaft als Kulturwissenschaft

[transcript]

Bibliografische Information der Deutschen Bibliothek
Die Deutsche Bibliothek verzeichnet diese Publikation in der Deutschen
Nationalbibliografie; detaillierte bibliografische Daten sind im Internet über
http://dnb.ddb.de abrufbar.

© 2004 transcript Verlag, Bielefeld

Umschlaggestaltung und Innenlayout: Kordula Röckenhaus, Bielefeld
Lektorat & Satz: Volker Schürmann & Monika Fikus
Druck: Majuskel Medienproduktion GmbH, Wetzlar
ISBN 3-89942-261-9

Gedruckt auf alterungsbeständigem Papier mit chlorfrei gebleichtem Zell-
stoff.

Besuchen Sie uns im Internet: http://www.transcript-verlag.de

Bitte fordern Sie unser Gesamtverzeichnis und andere Broschüren an
unter: info@transcript-verlag.de

Inhalt

Vorwort

›Sportwissenschaft als Kulturwissenschaft‹ ist der programmatische Versuch, den u.a. in den Sozialwissenschaften diagnostizierbaren *cultural turn* produktiv auf die Sportwissenschaft zu beziehen, wofür wir selbstverständlich nicht am Punkte Null beginnen müssen. Die besondere Herausforderung der Sportwissenschaft liegt in deren ausgeprägter Multidisziplinarität. Hier sind es insbesondere die unverzichtbaren sogenannt naturwissenschaftlichen Disziplinen, die sowohl kulturwissenschaftlich verortet als auch in ihren Eigenbedeusamkeiten bewahrt werden müssen.

Die Ethnologie kann als die Leit- und Vorbildwissenschaft der Kulturwissenschaften gelten. Daher wird der Band durch einen Beitrag aus der Ethnologie eröffnet. Folgt man einigen Bemerkungen von Bernhard Streck aus *Fröhliche Wissenschaft Ethnologie* (Wuppertal 1997), kann man sagen, daß der vorliegende Band eine lange Fußnote zu Herder ist – zu dem von ihm begründeten »Denken in beweglichen Horizonten« (Streck), zu dessen Bildungstheorie, zu seiner ›Abhandlung über den Ursprung der Sprache‹.

Inhaltlich thematisiert der Beitrag von Bernhard Streck die *göttliche* Bewegung. Die Götter stehen als Chiffre für das, was nicht in der Hand von uns Menschen liegt – was ja nicht heißt, daß Götter nicht umschmeichelt sein wollen bzw. verführt werden können. Der Beitrag erinnert damit – ohne überhaupt explizit davon zu reden – an ein Spannungsverhältnis, ohne das der Sport nicht zu haben sein dürfte; nämlich an die Spannung, gewinnen zu *wollen* ohne daß doch der Sieg *kalkulierbar* sein darf. Hier liegt die hohe Kunst des Spielens – jene Gratwanderung zu kultivieren, alles nur Mögliche für den eigenen Sieg zu tun und doch offen dafür zu sein und zu bleiben, daß dieser Sieg einem zu-fällt. Helmuth Plessner sprach von der Unentscheidbarkeit von Macht und Ohnmacht des Menschen; bei Martin Seel kann man viel zu jenem Glücksbegriff erfahren, der das Sich-bestimmen-Lassen noch integrierte: daß Menschen Glück haben müssen, um zu ihrem Glück zu gelangen; Kurt Röttgers kontrastiert ein autonomes und ein verführtes Subjekt. Das alles beschwört kein Ge-schick höherer Mächte; es ist lediglich die verführerische Absage an jene Sorte von Rationalität, die meint, für alles Tun einen Nutzen, eine Absicht oder ein sonstwie *vorab fixierbares* Worumwegen (telos) in Anschlag bringen zu sollen. Es ist der Stachel der »Verschwendung« (Streck: s.u.), der die Spannung zum Ökonomieprinzip aufrecht erhält. In jenen körperlichen Praktiken, in denen diese Gratwanderung schlicht um ihrer selbst willen zelebriert wird – und nicht, weil es gesund ist, der sozialen Integration dient oder was auch immer –, da wird das sportliche Spiel zum Fest.

Insofern richtet sich der *cultural turn* wieder – wie schon zu Beginn des 20. Jahrhunderts – gegen die ›Entzauberung der Welt‹ (Weber). Vermeiden wollen wir dabei gerne jeden Unterton des Verlustes – so, als habe Kultur und Kulturwissenschaft hier etwas zu kompensieren. Solche Kompensation ist nicht nur ideologisch fragwürdig, sie trifft die Sache des Sports nicht. Sport verlangt nicht ein je individuelles Höchstmaß an abrufbarer Leistung plus vernebelnden Weihrauch gegen die dabei entstehenden Leiden. Es ist schlicht Verrat am Sport, wollten wir unterstellen, daß der sportliche Sieg de facto zwar niemals vollständig, aber *im Prinzip* durchaus berechenbar ist: »daß es also prinzipiell keine geheimnisvollen unberechenbaren Mächte gebe« (Weber). Der Zu-fall des Sieges ist vielmehr Bestandteil des *sportlichen* Tuns und daher ist der Sieg *als unberechenbarer* zu inszenieren. Den Zufall als konstitutives Moment des Sports zu inszenieren, ist Kritik an der Kultur-*industrie*, hier: an jener Ideologie des Sports – wie sie durchaus auch in Teilen der Sportwissenschaft transportiert wird –, die den sportlichen Körper nur als Instrument des Sieges kennt. Es ist daher immer wieder nützlich, die Nebelschwaden der Ideologie zu lichten, was zugegeben seine eigenen Härten hat. Selbst der vermeintlich so friedselige Jesus jagte bekanntlich die Krämer aus dem Tempel. Der Band wird daher beschlossen durch den Beitrag von Christoph Auffarth, der die nüchterne Gegenbewegung verkörpert. Als Religionswissenschaftler schlägt er die gleichsam profane Lesart vor: Kultische Rituale kann man schlicht auch in Begriffen von Physiologie und Psychologie beschreiben. Wenn man den Nebel verjagt, bleiben vom *enthousiasmos* (Gottergriffenheit) vielleicht nur ein paar ausgeschüttete Hormone. Euripides als »ein äußerst feinfühlig beobachtender Psychologe« (Auffarth: s.u.).

In diesem Rahmen versuchen wir selbst, eine zeichentheoretische Lesart sportlicher Bewegungen zu geben und in ihren Kontrasten zu anderen theoretischen Ansätzen zu profilieren. Eine solche Lesart ist politisch nicht unschuldig. Sie beseitigt im logischen Kern die Möglichkeit, ›Sport‹ als ein neutrales Gebilde zu verstehen, welches dann, *auch noch*, guten oder schlechten Einflüssen unterworfen ist. In der vorgeschlagenen zeichentheoretischen Lesart *ist* ›Sport‹ ein Politikum. Einer der metatheoretischen Gewinne besteht in einer bestimmten, wir würden sagen: attraktiven Verhältnisbestimmung von ›Natur‹ und ›Kultur‹ menschlicher Bewegungen. Es handelt sich zugleich um die Weiterentwicklung unserer Versuche, die Sportwissenschaft in besonderer Weise auf menschliche körperliche *Bewegung* (und z.B. nicht auf bewegte Körper) zu fokussieren. Uns scheint gerade darin, der Möglichkeit nach, der spezifische Beitrag des Faches sowohl hinsichtlich des Kanons vorliegender Wissenschaftsdisziplinen als auch hinsichtlich praktischer gesellschaftlicher Problemstellungen zu liegen.

Das Geschäft der Metatheorie ist das der Verortung. Was wir daher nur andeuten können – (wie) wirkt sich eine kulturwissenschaftliche Fassung von Sportwissenschaft in der konkreten sportwissenschaftlichen Praxis aus? –, führt der Beitrag von Katrin Albert exemplarisch aus. Direkt aus der Werkstatt wird am Beispiel biographischer Erzählungen von Hauptschülern von dem Anliegen und den (methodischen) Schwierigkeiten berichtet, die Bedeutungen sportlicher Bewegungen zu rekonstruieren.

Der *cultural turn* ist nicht nur klasse. Die Vorbehalte, wie sie exemplarisch in der Geschichtswissenschaft lebendig sind, haben ihre eigene Berechtigung. Dort, wo sich ein kulturwissenschaftlicher gegen einen sozialwissenschaftlichen Ansatz meint stellen zu sollen, ist etwas schräg. Der Beitrag von Volker Schürmann formuliert notwendige Abgrenzungen und diskutiert das schwierige

Folgeproblem des Verhältnisses von Kultur- und Sozialwissenschaften einerseits und verschiedenen Sprachtypen andererseits.

Nicht zuletzt sollte und müßte sich ein Unterschied im theoretischen Grundverständnis auch in den nicht-wissenschaftlichen Praktiken des Sports als Unterschied bemerkbar machen. Ohne Zweifel besteht in diesem Übergang primär ein Bruch, der *direkte* Auswirkungen nicht nur nicht zuläßt, sondern eine Suche danach geradezu verbietet. Metatheoretische Unterschiede zwischen kulturwissenschaftlichen und nicht-kulturwissenschaftlichen Fassungen von Sportwissenschaft zeigen sich gerade nicht primär in unterschiedlichen Ergebnissen, sondern sind ein Unterschied des Lichtes, in das alte und neue Ergebnisse gerückt werden. Immerhin ist auch das ein Unterschied. Der Beitrag von Eckehard F. Moritz bohrt in ingenieurwissenschaftlicher Perspektive den Tunnel zwischen Sportwissenschaft und nicht-wissenschaftlicher Praxis von der anderen Seite her. Wie und unter welchen Bedingungen müß(t)en Sport*geräte* so entwickelt werden, daß sie kultursensitiv sind? Ist in bezug auf Sportgeräte so etwas von der Art einer kulturellen Ergonomie denk- oder gar machbar?

Wie nicht anders zu erwarten und wie es sich gehört, kann man die einzelnen Beiträge dieses Bandes auch in ganz anderer Weise auffädeln als soeben geschehen. Z.B. kann man herausstellen, daß es in allen Beiträgen auf ganz unterschiedliche Weise um die *Begegnung* unterschiedlicher Kulturen geht. In dem Beitrag von Moritz geradezu programmatisch und emphatisch, in den Beiträgen von Streck und Auffarth ganz offenkundig, in unseren eigenen Beiträgen um die Begegnung unterschiedlicher Theoriekulturen, in dem Beitrag von Albert um unterschiedliche methodische Welten. Wir möchten daher dringend empfehlen, dieses Vorwort beim Lesen der Einzelbeiträge wieder zu vergessen. Dies schon aus Respekt vor den beteiligten Autoren, die wir in jenem ersten Auffädeln ganz ungeniert in *unser* Programm eingemeindet haben. De facto stehen die einzelnen Beiträge jedoch zunächst einmal für sich selbst ein und wollen auch so behandelt sein. *Wir* wollten nur deutlich machen, daß es kein Zufall, sondern hochgradig absichtsvoll war, gerade *diese* Beiträge hier zu versammeln. Womit wir den Beteiligten aufrichtig danken, daß sie das mit ihren Beiträgen haben machen lassen.

Monika Fikus & Volker Schürmann

Bᴇʀɴʜᴀʀᴅ Sᴛʀᴇᴄᴋ

Die göttliche Bewegung.

Zur Interpretation von Sprung und Tanz

im archaischen Ritual

»Ein Mensch tritt in den Tanz ein,
weil ihn der Tanz selbst nötigt zu tanzen.«
(Bataille 1957: 112)

Vom Zwang zur zweckfreien Bewegung wußte ich noch nichts, als ich
als kleiner Junge meine erste Begegnung mit ethnologischem Material
hatte: vor der Malanggan-Vitrine des Basler Völkerkundemuseums.
Was mir aber – in heutiger Erinnerung – damals sofort auffiel, waren
die häufig gebeugten Knie der geschnitzten und bemalten Figuren. Die
Geister, die hier auf der Schaukel wippten, übereinander saßen oder
aus Basthütten heraus grinsten, schienen gerne in die Knie gehen zu
wollen, als machten sie sich zum Sprung fertig oder hatten gerade einen solchen hinter sich. Das Thema der hüpfenden Geister beschäftigt
mich seit jener Kindheit, auch wenn es immer wieder durch scheinbar
wichtigere Probleme überlagert wurde (s. Abb. 1).

Als ich Anfang der 70er Jahre zum ersten Mal Afrika besuchte,
staunte ich über die üppigen Auslagen der sog. Airportart-Künstler. Ihre Holzschnitzereien reproduzierten wenige, offenbar traditionelle
Vorlagen, in abundanten Auflagen. Wieder fielen mir die gebeugten
Knie vieler Figuren auf, die, in langen Reihen aufgestellt, fast ballettar-
tig jene Vor- oder Nachbereitung des Sprungs vorzunehmen schienen.
Sicher lassen sich gerade Beine einfacher aus dem Holz herausarbeiten;
die angewinkelten verleihen den Figuren aber etwas Emotionales, Dynamisches oder Erregtes, das in der Absicht des längst vergessenen
Originalschnitzers gelegen haben muß (s. Abb. 2).

Abb. 1

Seit ich mit vorliegendem Aufsatz beschäftigt bin, spüre ich Schmerzen am rechten Knie. Es bereitet mir Probleme, das Gelenk ganz durchzudrücken, so daß ich beim Stehen – zumindest mit dem rechten Bein – gezwungen bin, die melanesischen oder afrikanischen Schnitzfiguren zu imitieren. Auch wenn ich in der derzeitigen Verfassung nicht im entferntesten daran denken kann, zu einem Sprung anzusetzen oder gar einen solchen hinter mir zu haben, sehe ich doch Wege der Empathie, mich dem mit den beschriebenen Figuren Gemeinten anzunähern. Beim Sitzen verflüchtigt sich mein Knieschmerz, so daß ich im folgenden aus meinem mittlerweile angehäuften ethnologischen Wissen eine Interpretation des gebeugten oder bewegten Beines in der archaischen Ikonographie wagen will.

Nicht alle afrikanischen Vollplastiken befinden sich zwischen Hocke und Strammstehen. Es gibt sogar einen Figurentyp, für den letztere Haltung typisch ist: die sog. Kolonfiguren, über die Julius Lips (1937) gearbeitet hat. Es sind afrikanische Darstellungen von Europäern, die man gerne als Karikaturen interpretieren möchte – im Sinne des von Lips in der Erstausgabe 1937 gewählten Titels »The Savage hits back«.

Gegen diese antikolonialistische Deutung hat sich als erster Paul Germann auf der Leipziger kolonialwissenschaftlichen Tagung 1943 ausgesprochen: nicht Spott, sondern Identifizierungswille leitete den Negerkünstler bei der Abbildung des Europäers (1943: 74). Weit ausführlicher hat sich Fritz W. Kramer mit der Deutung der steifen Europäerfiguren im *Roten Fes* auseinandergesetzt: Afrikanische Künstler seien als Satiriker überinterpretiert; ihr von außen kommender Realismus der Darstellung könne nur Mimesis im Sinne von Erich Auerbach sein (1987: 8).

Der wenig bekannte Willy Bloßfeldt hatte 1928 die »Formen der Negerplastik« in drei Kategorien eingeteilt: Pfahl, Kegel und »Wanst«. Hiervon braucht uns nur erstere zu interessieren, weil alle archaische Kunst am Werkstoff entlang arbeitet und dessen Gestalt nur variiert, nicht aufhebt. Vollplastische Figuren bekennen sich damit fast immer zu ihrem Rohling, dem Rundholz, dem sie nach der Entfernung aus dem lebenden Baum neues Leben einschneiden. Dafür gibt es eine Fülle von Ausdrucksmöglichkeiten; zwei kennen wir mittlerweile: die steife, stramme, aufrechte und parallele Beinhaltung, der meist eine ebenso beherrschte Haltung des übrigen Körpers, also der Arme und des Kopfes bis hin zu starren, bzw. würdevollen Gesichtszügen, entspricht, und die ›lockere‹ Körpersprache mit den angewinkelten Beinen, den Gesäß, Bauch, Brust oder einen Gegenstand anfassenden Händen und jenem Gesicht, das auf den ersten Blick schrecklich anmutet und das vielleicht auch so wirken soll.

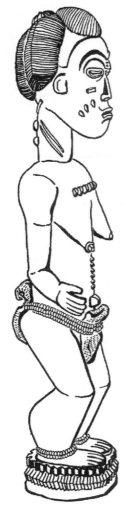

Abb. 2

Vergleichende Kunstwissenschaft, wie sie vor allem die Ethnologie betreibt, hat es mit verschiedenen Formensprachen zu tun, die sich nicht ohne weiteres übersetzen lassen. Mißverständnisse wie das von Julius Lips oder die weit bekanntere Rezeption der primitiven Kunst durch die Pioniere der Moderne belegen das, auch wenn die Fruchtbarkeit solcher Fehldeutungen nicht geleugnet werden kann. Bei der Annäherung an das Phänomen der gebeugten Knie möchte ich anstatt ichpsychologischer oder gesellschaftstheoretischer Auslegungen eine religionsethnologische versuchen, die die durch die Beschäftigung mit schriftlosen Kosmologien und Menschenbildern bewirkte Öffnung zum sog. Irrationalen, das vielleicht besser pararational (Müller 2004), transrational (Wilber 1989) oder surreal (Taubes 1996) genannt werden sollte, sich zunutze macht.

Im Lichte der ethnologischen Beschäftigung mit archaischer Kultur, die bei Bachofen mit den kleinasiatischen Pelasgern gleichgesetzt wurde (1859: 418), erklären sich die angezogenen Knie durch die Tanzbewegung, z.B. im Sprung- oder Hüpftanz, mit der sich Menschen aller Zeiten und Räume von der Schwerkraft freizumachen suchen und das Leben ihrer Freiseele, den Tod, vorwegnehmen, bzw. an ihm teilhaben möchten. Hier liegt das religiöse Fundament der Tanzkultur, der Bewegung ohne materiellen Zweck, der Bewegung aus Erregung statt aus Notwendigkeit. Karl Bücher (1896) hat als erster darauf hingewiesen, daß archaische Völker sich lange weigern, den Tanz von der Arbeit zu trennen, und Ludwig Klages sah

»mehr oder minder das ganze Leben der Primitiven gewissermaßen in währendem Rhythmus schwingen. Man übertreibt nicht, wenn man sagt: sie tanzen ihre Götterdienste, tanzen ihre Feste, tragen Streitfälle tanzend aus in gegenseitigen Spottgesängen, ziehen tanzend in den Kampf und verrichten tanzend die bemühendste Arbeit im Takte gemeinsamer Lieder!« (1934: 49)

Bei dieser überragenden Bedeutung des Tanzes in nichtindustriellen Gesellschaften kann es nicht verwundern, daß es z.B. in der balinesischen Sprache kein Wort für ›Tanz‹ als Abstraktum gibt (Rein 1996: 67). Tanz ist gesteigertes Leben, ist Zwiesprache, zwischen den Lebenden, aber auch mit Toten, Geistern und Göttern. Tanz ist dann der kommunikative und motorische Ausnahmezustand als Normalfall, die festtägliche Antwort auf die existentiellen Erschütterungen. Fritz W. Kramer spricht von der »Geburt des Tanzes aus dem Schrecken« (1987: 123). Eine nichtverbale, nichtrationale Bewältigung eines gewaltigen und nachhaltigen Eindrucks nannte Auerbach (1946) im Anschluß an Platon Mimesis. In diesem Sinne schloß Karl Bücher, »daß den allergrößten Teil der Tänze primitiver Völker rhythmisierte Nachahmungen von Vorgängen des Menschen- und Tierlebens bilden« (1896: 314). Nach den Tieren und den Naturgewalten waren es – Fritz W. Kramer (1987: 243) zufolge – vor allem Fremde, die die Menschen beeindruckten und zur Mimesis zwangen. Der erste wirklich Fremde aber ist im Menschenleben der Tote und seine Mimesis führt nach Leo Frobenius (1898) zum Totenmal, der Maske als Totengesicht oder zur Pfahlplastik, in der der Verstorbene wiederkehrt.

Der Tote liegt starr, sein Abbild aber soll Bewegung bekommen, Wiederbelebung, er soll sich zum Sprung erheben, er soll dem Tod trotzen. All das läßt sich in eine Figur mit angewinkelten Knien hineindeuten, vorausgesetzt man hat die »Wiederkehr des Körpers« (Hortleder) nicht nur mechanisch oder modisch verstanden und ist in der Lage, die den Tanz begleitenden Trommeln, die Sprache der Geister par excellence, ihren Rhythmus und ihre Melodien mitzuhören. Die Ethnologie hat sich viel mit verschiedenen Tanzstilen beschäftigt; manche Kulturen schreiben ekstatische, wilde, sog. »dionysische« Bewegungen vor, andere gesetzte, beherrschte, sog. »apollinische« – die antike Nomenklatur haben Nietzsche (1871) und Ruth Benedict (1934) verwendet –, gemeinsam ist diesen »unökonomischen Verausgabungen« (Bataille) ihr Mimesis-Charakter, ihr Wesen als Darstellung von Göttern und Toten. In dieser Reihenfolge wollen wir uns das näher ansehen.

Mimesis I – Die mit den Göttern tanzen

Karl Kerényi (1938) hat das Fest als Einladung der Götter gedeutet: Menschen und Götter treffen zusammen. Es sind ungleiche Wesen, die da einige Tage miteinander auskommen sollen. Den Menschen als den in jeder Hinsicht Unterlegenen bleibt nichts anderes übrig, als sich den Bewegungen der Götter anzupassen: Sie fangen an zu tanzen und »deifizieren« sich dabei. Was in der Bearbeitung durch Theologen zum gottgleichen Wissen geworden ist,[1] entspricht in der archaischen Welt dem gottgleichen Bewegen. Es ist ekstatisch im wörtlichen Sinn: Der Mensch tritt aus sich heraus und in die Gottheit ein. Man sieht es ihm an an den gebeugten Knien.

Bewegung bedeutet Energieverbrauch. Überall auf der Welt hält der Mensch Haus mit seiner Energie und verausgabt immer nur soviel, wie er zur Befriedigung seiner Bedürfnisse einsetzen muß. Bücher nannte das »Bedarfsarbeit«, wenn die Energieverausgabung nur im Falle von Hunger und Durst einsetzt. Arbeit als Selbstläufer oder Lebensinhalt ist eine späte Sonderentwicklung der Menschheit, die in Industriegesellschaften zwar als selbstverständlich gilt, in allen anderen Gesellschaften aber unbekannt ist. Dafür kennen diese die schon genannte unökonomische Verausgabung, den Energieverbrauch ohne materiellen Ertrag, in unserer industriegesellschaftlich geformten Sprache: die Verschwendung (Streck 2002).

Feste sind Orte und Zeiten der Verschwendung, von Nahrungsmitteln, von Rauschmitteln, von Bewegungsenergie. Archaische Völker tanzen zu festlichen Anlässen Tag und Nacht und das mehrmals hintereinander, eben so lange, wie die Götter bei ihnen bleiben. Die von den Göttern besonders geliebt werden, tanzen am längsten. Das sind in geschichteten Gesellschaften die Könige, im sakralen Monarchie-Verständnis (Erkenz 2002) ohnehin Götter auf Erden. Berühmt in der ethnographischen Literatur ist der Besuch Georg Schweinfurths beim König der Mangbettu an der Nil-Kongo-Wasserscheide. Der Gottkönig, der jeden Tag Menschenfleisch zu sich genommen haben soll, tanzte in seiner prächtigen Audienzhalle »vor seinen Weibern und Trabanten«

---

1 Vgl. 1. Moses 3, 4/5: »Da sprach die Schlang zum Weibe/ Jr werdet mit nicht des tods sterben/ Sondern Gott weis/ das/ welchs tags jr da von esset/ so werden ewre augen auff gethan/ und werdet sein wie Gott/ und wissen was gut und böse ist.« (Luther 1545: 28)

so lange, daß der europäische Besucher die Szene auf seinem Skizzen-
block festhalten konnte (1916: 187).

Auch auf Bali tanzen die Herrscher selbst, weil sie dadurch ihre
Göttlichkeit vorführen und auch ihren Machtanspruch legitimieren
können (Rein 1996: 72). Nach der oben genannten Stilpolarität tun sie
das eher »apollinisch«, also gesetzt, diszipliniert, elegant, während
zentralafrikanische Könige mehr dem dionysischen Typus folgen und
mit wilden Bewegungen und animalischen Schreien ihr Außersichsein
inszenieren. Die Stilfrage trägt hier nichts zum Verständnis bei, überall
gibt es Götter für das Maß wie solche für das Übermaß. Wesentlich ist
die Gott-Mimesis, weil damit der Herrscher sich entzeitlicht, seinen
Vorgängern gleicht und wie diese die Gründerfigur spielt, die die oberste Gottheit darstellt.

Götterbilder strahlen in Religionen, an denen Theologen arbeiten,
Ruhe aus oder unsäglichen Schmerz wie in der christlichen Ikonographie. Damit werden Botschaften transportiert, die mit der spezifischen
Ethik der Religionsgemeinschaft zusammenhängen. Heidnische Götter
dagegen sind in erregter Bewegung, manchmal gelassen, wie die bekannten Götter Griechenlands, auch wenn die allseits aufgestellten
ithyphallischen Hermen die Erregung deutlich bekunden, manchmal
ekstatisch wild wie der indische Shiva: »er tanzt auf der ganzen Welt
seinen immerwährenden Zyklus: Schöpfung, Erhaltung, Zerstörung«
(Nürnberger 1996: 248).

Der britische Religionsethnologe Marett konnte in den 20er Jahren
einen australischen Kulttanz (Korrobori) erleben, der einen Dampfer
auf dem Murray-Fluß darstellen sollte:

»Es war eine bloße festliche Gelegenheit. Dabei lag in der Art der Darstellung
etwas zum mindesten Künstlerisches, wenn nicht Religiöses. Durch eine
Muskelsymbolik suchten sie eine Bewunderung auszudrücken, die leicht zur
Verehrung werden konnte. Und dieses Tanzen mußte das ganze Verstandes-
und Bewußtseinsleben der Gruppe bereichern; denn je mehr sie in dieser
Weise von sich zu geben wußten, um so größer der Wunsch und die Fähigkeit aufzunehmen.« (Marett 1932: 35)

Die Technik des Weißen Mannes hat diesen in den Augen der Koloni-
sierten ebenso vergöttert wie seine weiße, an Gehäutete, Tote und Ahnen erinnernde Haut. Im Schrecken und Schauder vor diesen Erscheinungen liegt der Grund für die Fremdgeistbesessenheit, mit der sich
Fritz W. Kramer (1987) und Tobias Wendl (1990) beschäftigt haben.
Alles Selbstbewegte, wenn es zum ersten Mal auftritt, scheint den Menschen zu erregen und zunächst vor allem zum Mitmachen aufzufor-
dern. Bei den afrikanischen Tonga ist es der »Atem« des Selbstbeweg-
ten, der die Menschen »anhaucht und damit zwingt, seine Gestalt an-
zunehmen.« Kramer fährt fort:

»So tanzten die Besessenen der *masabe*-Konventikel im Gegensatz zu den Shona neben den Figuren fremder Stämme die Figuren der wilden Tiere, der Eisenbahnzüge, Fahrräder und Pumpen, nach 1940 sogar vorzugsweise Maschinen, Flugzeuge, Traktoren und Motorboote.« (1987: 122)

Die erzwungene oder ersehnte Teilhabe an der erschienenen Übermacht erfolgt in der Regel im Tanz. Was mit den Göttern verbunden hat, taugt auch beim Gleichziehen mit anderen Mächten. Wie das blutige Opfer die Universallösung für die unterschiedlichsten Probleme darzustellen scheint (Jensen 1951: 185f.), so schaffen die gebeugten Knie und die zweckenthobene Bewegung Bündnisse mit Übermächten, weil diese sich ebenso bewegen, sei es im Wind oder Hauch, der überall für göttliches Wirken steht – z.b. im *pepo* der Swahili, im *iska* der Haussa oder im *rih* der semitischen Religionen –, sei es im mechanischen Hin und Her, in dem sich das Wesen der Maschine zu offenbaren scheint.

So bringt der Tanz den Gleichklang mit dem Außergewöhnlichen und Übernatürlichen, er versetzt die Sterblichen in den Zustand der Unsterblichen, so wie auf Kuba der Santeria, der »Weg der Heiligen«, die Menschen in Erregung und Bewegung versetzt und sie an ihrem eigenen Tanzen erkennen, daß die Götter und Geister unter ihnen sind (Pollak-Eltz 1995). Der zweite Blick gilt dann den besonderen Bewegungen, die besonderen Rhythmen und Melodien folgen und die besondere Gottheiten gehören. So zeigt sich Danbalo Wedo, die Schlangengottheit des haitianischen Vodou, in fließenden Wellenbewegungen, die der Oberkörper des Tänzers beschreibt (Schmiderer 1996: 116). Am Nil bekommen die »Bräute des Zar« über »Fäden«, an denen sie hängen, die typischen Bewegungen ihres Jenseitsgeliebten vermittelt, also die lasziven des Äthiopiergeistes, die unheimlichen der Geister aus dem Südsudan oder die steifen des Europäergeistes (Böhringer-Thärigen 1996: 121f.).

Die Monotheismen haben versucht, die Bewegung aus der Religion zu entfernen, indem sie der Gottheit nicht nur Bildlosigkeit, sondern auch Bewegungslosigkeit verordneten. Das ist in unterschiedlichem Maße gelungen. In den berühmten Derwischtänzen (*mevlevi sema*) hat sich die göttliche Bewegung auch im Islam halten können, dasselbe gilt für die sufistische Technik des *dhikr*, des rhythmischen Gotterinnern, das den »Rost des Herzens« entfernen soll (Özelsel 1996: 196), schließlich auch im täglichen Ritualgebet, das mit großem Bewegungsaufwand verbunden ist. Die Kölner Islam-Missionarin Asad hat dazu geschrieben:

»Und in der Tat können es Menschen anderer Religionen, die gewohnt sind, das ›Geistige‹ vom ›Körperlichen‹ sorgfältig zu trennen, nur schwer verstehen, daß in der nicht entrahmten Milch des Islam diese beiden Bestandteile trotz Verschiedenheit ihrer jeweiligen Beschaffenheit harmonisch miteinander hergehen und zum Ausdruck kommen. Mit anderen Worten: das islamische Gebet besteht aus geistiger Konzentration und aus körperlichen Bewegungsabläufen, weil sich das menschliche Leben selbst auch derart zusammensetzt und weil wir uns Gott durch die Gesamtheit aller von ihm verliehenen Fähigkeiten annähern müssen.« (1984: 22)

Mimesis II – Totentanz

Der Mensch geht in die Knie, wenn er Gottheiten und Geistern begegnet, im Monotheismus aus Ehrfurcht, die ihn erstarren läßt wie den Propheten Samuel: »Rede Herr/denn dein Knecht hört« (Sam.I, 3, 9); im Polytheismus mimetisch, weil die Götter selbst auf eine unglaubliche und erschreckende Art tanzen und hüpfen. Das haben sie mit den Toten gemeinsam, mit denen sie ohnehin in vielen Teilen Afrikas, Melanesiens und Altamerikas nahezu identisch sind (s. Abb. 3).

Geschnitzte Ahnenfiguren und Masken sehen wie geschnitzte Götterfiguren und Masken aus. In vielen mündlichen Anthropologien und Thanatologien stirbt der Mensch, um zum Leichnam, später zum Totengeist, dann zum Ahnen und einstmals zum Gott zu werden. Seine Individualität nimmt dabei in dem Maße ab, wie seine Gotteskraft zunimmt. Was über die verschiedenen Zustandsänderungen bleibt, ist seine Beweglichkeit, seine gebeugten Knie, seine heilige Erregtheit, die lebende Menschen nur vorübergehend aushalten.

Bei den westafrikanischen Yoruba gibt es einen Spezialistenverein, der den Tod im Leben vorwegnimmt, bzw. die Toten den Lebenden zurückgibt. Diese *Engungun* gehören beiden Welten an, deswegen sind sie reichlich in Stoffe gehüllt, so daß man ihre gebeugten Knie gar nicht sehen kann. Aber sie bewegen sich tanzend fort, wie alle Masken, weil sie Tote darstellen; der oberste Engungun hat zur Verdeutlichung einen Unterkiefer um den Hals hängen. Ihre Tanzbewegungen erzeugen Wind, einen heiligen »Odem«, den die Sterblichen gierig einsaugen und von dem sie Heil erwarten, auch wenn sie sich vor ihm schaudern und Frauen sie ohnehin nicht sehen dürfen. Der *Egungun alago* aber trägt das Totenhemd und in ihm kehren kürzlich Verstorbene zurück, um die Hinterbliebenen zu trösten. Schließlich kennen die Engungun, die Toten unter den Lebenden, aber auch Trickster-Figuren, die die Menschen mit ihren Possen zum Lachen bringen (Bascom 1944, 1969).

Abb. 3

Tote sind sicher in den meisten Kulturen unheimlich, befremdlich, erst recht, wenn sie sich bewegen oder gar tanzen. Trotzdem kennen viele archaische Gesellschaften die Rückkehr tanzender Toter, viele Festlichkeiten sind darauf eingerichtet und gelten als zentrales Ereignis in der

»Todlebensgemeinschaft«, wie Frobenius altafrikanische Gesellschaften genannt hat (1933: 247). Auch im afroamerikanischen Polytheismus sind Totengötter bekannt, wie z.B. Baron Samedi im Vodou, der bei seinen Auftritten an spezifischen Tanzschritten und -bewegungen erkannt wird und als Meister von Magie und Erotik gilt. Der ihm zugeordnete Banda-Tanz ist voller Sexualmetaphorik (Schmiderer 1996: 117), so wie eben in undogmatischen Religionen Todesnähe und Geschlechtslust gerne zusammen gesehen werden.

Nun kennen aber viele Gesellschaften eine organisierte Produktion von Tod, nämlich den Krieg, der im archaischen Kontext wiederum häufig als Tanz – eine Art Mili-Tanz – inszeniert wird, wobei die Krieger schon auf dem Festplatz sich gebärden wie später auf dem »Blumenweg« (Alfred Schuler), wenn sie in der Schlacht verbluten und die Metamorphosen Held, Ahne, Gott antreten. Die Ntore der Tutsi in Ruanda sind berühmt geworden für ihre wilden Kriegstänze, bei denen sie hoch in die Luft hüpfen, so daß ihre weiße Schmuckmähne herumgewirbelt wird (Huet 1978: 254). Ihre Tänze sind anschauliche Ekstasen, nicht nur Austritte, sondern geradezu Aussprünge aus der Gebundenheit des Alltags in den Wirbelwind der Metamorphosen.

Abb. 4

Die zentrale Bedeutung des Totenkultes für jede Gesellschaft ist seit Fustel de Coulanges *La cité antique* (1864) in den Kulturwissenschaften bekannt. In manchen Traditionen hat sich dieser Kulturzug aber zu einer Deutlichkeit gesteigert, die noch den außenstehenden und später geborenen Betrachter schaudern läßt. Dies gilt z.B. für das Berserkertum der Kelten und Germanen, in die abscheulich anmutende Initiationsriten einführten und die aus Menschen wütende Wölfe machten, die nicht nur Nachbarstämme terrorisierten (Peuckert 1951: 88ff.; McCone 2002). Z.T. bestanden diese Kriegerbünde aus Geächteten – bei manchen indogermanischen Völkern »Wolf« genannt (Gerstein 1974) –, die durch Morden wieder ehrbar werden konnten, z.t. aber identifizierten sie sich mit »schlimmen« Toten, die keine Ruhe finden konnten, vor allem mit Kriegstoten und Kriegskrüppeln, wie sie ja in den Gestalten des einäugigen Wotan oder des einarmigen Týr eine Vergöttlichung gefunden haben.

Daß die heranwachsende Jugend eine Zeit lang den sozialen Tod durchleidet, in der Wildnis haust und wie Wildtiere sich ernährt, ist aus vielen archaischen Gesellschaften bekannt. Wenn die Wiedereingliederung mißlang, haben wir die Berserkergruppen, die sich Neuland mit Gewalt erobern. Die Römer sprachen vom *ver sacrum,* wenn wieder eine Horde wandernder Unholde aus dem Norden einfiel und sich gebärdete, als seien sie schon tot. Aus solchen kämpfenden Kultbünden bestanden vielleicht große Teile der Kelten- und Germanenwanderungen (Heizmann 2002) – Krieger, die tanzend kämpften und kämpfend tanzten, und denen es gleichgültig sein konnte, auf welcher Seite der Tod-Lebens-Linie sie herumhüpften. Ihre Kriegsherren und Kriegsgötter ritten lebenden wie toten Kriegern voran. Victor Turner hat mit seinem Modell der *communitas* (1969) deutlich machen können, daß Menschen im Ausnahmezustand, in der *marge* (Van Gennep), sich wie im Gegenteil des Lebens fühlen und gebärden.

Die Kriegstoten als u.U. gigantische Kollektive schlimm Verstorbener scheinen eine besondere Macht auf die Lebenden auszuüben, so daß sie diese ebenso häufig oder noch häufiger in Bewegung versetzen, als wir das von Göttern und Geistern annehmen durften. Große Schlachten geraten deswegen nicht in Vergessenheit, weil die Überlebenden und Nachkommen – im Falle der Leipziger Völkerschlacht auch noch fast 200 Jahre später – immer wieder an den Ort des Geschehens gezogen werden und dort die Kämpfe um Leben und Tod nachspielen müssen – in unbequemen, aber malerischen Uniformen, mit dem entscheidenden Trommelwirbel, den die Totengeister brauchen, und mit Kanonengeknall, das akustisch den großen Übergang markiert. Die einem grausamen Kolonialkrieg entronnenen Herero im heutigen Namibia gründeten schon Anfang der 20er Jahre einen Kultbund, den sie nach dem deutschen Wort ›Truppe‹ *oturupa* nannten und der seither alljährlich der Schlacht am Waterberg 1904 in einem aufwendigen Ritual gedenkt (Kavari et al. 2004).

Der *oturupa*-Bund marschiert dann an der Spitze der Festgemeinde zu den Gräbern der Herero-Häuptlingsfamilie, singt Preislieder auf die berühmten Toten und tanzt – bald mit den eckigen Bewegungen der

Militärs, bald mit den durchgebogenen Knien der Toten – auf der blutgetränkten Erde. Die Herero hatten schon im 19. Jahrhundert »Gewehrgesellschaften« gegründet, um sich die neue Tötertechnik rituell anzueignen. Für die *oturupa*-Bewegung scheint aber auch die übrige Militärkultur das Muster der Nachahmung zu liefern, insbesondere die Uniformen der deutschen Schutztruppe, ihre Rangabzeichen, Fahnen und Umgangsformen, auf denen sie auch gegen die Verbote durch die neue Windhoek-Regierung beharren. Auf auswärtige Betrachter wirken die farbenprächtigen Umzüge karnevalesk, und wieder bietet sich die gängige Deutung als Karikatur an. Für die Herero aber ist die Truppenspielerbewegung kein satirisches Theater, sondern Mimesis der ungeheuerlichen Erfahrung, Anfang des 20. Jahrhunderts an den Rand des Genozids gedrängt worden zu sein. Die Mitglieder des Vereins geben in ihren zusammengestückelten Uniformen und mit ihrer grotesken Körpersprache den Tausenden von schlimmen Toten gleichsam eine Form, in der sie sich ausdrücken und die entscheidenden Schlußszenen ihres kurzen Lebens nachspielen können.

Abb. 5

Im heutigen Leben der im allgemeinen durch Kolonialismus und Globalisierung marginalisierten Stammesvölker spielt die theatralische und tanzende Bewältigung ihrer Transformation und der damit verbundenen Opfern eine ganz überragende Rolle. Die Grenzen zwischen Kultbund mit religiösen Ritualformen, Spectaculum mit hohem Unterhaltungswert und Kunsttheater sind dabei fließend, gemeinsam sind all diesen Performanzen der Tanz, der die Menschen dem Alltag entrückt und sie mit den entrückten Toten, Geistern und Göttern verbindet. Dieser plurale Konnex konnte z.b. sehr deutlich gemacht werden in der pan-indianischen *powwow*-Bewegung (Richter 1998, Hatoum 2002). Sie veranstaltet heute überall in den USA große Treffen mit Gesang, Tanz, Trommelbegleitung und Kostümschau – Ereignisse, die die Frage nach Echtheit oder traditionellen Formen in den Hintergrund drängen. Im Zentrum steht der tanzende Umgang, Gehen und Springen mit gebeugten Knien, wie es ergriffene und erregte Menschen schon immer getan haben. Das Ambiente ist amerikanischer Zirkus und Volksfest; zum Auftakt marschieren Vietnam-Veteranen mit US-Flagge, die Kostüme stellen z.t. einen phantastischen Mix aus unterschiedlichsten Indianerkulturen dar.

Powwow-Veranstaltungen sind wichtig für das Selbstwertgefühl der nordamerikanischen Ureinwohner. Die Organisation, der Schauwert mit Prämierungen und vieles andere hat nichts mit altindianischer Kultur zu tun, sondern ist Teil der ländlichen, aus vielerlei Traditionen zusammengesetzten US-Volkskultur, die nach den Gesetzen des Show-Business funktioniert. Es sind einzig die archaischen Bewegungen, die sich auch unter den manchmal bizarren Kostümierungen durchsetzen, und die das zeitlos notwendige Totenritual durchschimmern lassen. In diesem Sinne dient das Powwow-Spektakel immer noch den Gefallenen der furchtbaren Vernichtungskriege des 19. Jahrhunderts, in denen sich der moderne Staat USA gegen die indigene Bevölkerung durchsetzte, dann der Gefallenen der Europa-Einsätze des 20. Jahrhunderts, mit denen die US-Streitkräfte erfolgreich den industriellen Krieg für sich entschieden, schließlich der Gefallenen der neokolonialen Übersee-Kriege, mit denen die USA ihre Weltherrschaft sicherten. Die Tänzer der Powwow-Feste tragen keine Kritik an der Machtpolitik Washingtons vor, sondern sie leihen ihre Körper den früh und ohne Zeremoniell Verstorbenen, all den »Untoten«, mit denen sich archaische Gesellschaften mit großem Engagement beschäftigen. Die moderne Gesellschaft hat dafür vergleichsweise weniger Zeit, auch übersteigt die große Zahl der zu verantwortenden Untoten in der Regel ihre kulturellen Möglichkeiten bei weitem.

Schluß

Unter den vielen verschiedenen Erregungsgemeinschaften, die auf die archaischen Bewegungsformen des hüpfenden oder springenden Tanzens zurückgreifen, konnten wir hier nur zwei Typen beleuchten: die Gottergriffenheit (griech. *enthousiasmos*) und den Totendienst. Beides wirkt auf die moderne Gesellschaft fremd, weil sie keine tanzenden

Götter und keine tanzenden Toten mehr kennt.[2] Wohl aber kennt sie den Tanz und hat ihn in Tanztheater, Kunsttanz, Tanztherapie etc. ausdifferenziert. Geblieben ist die innige Verbindung zwischen Körperbewegung und Instrumentalmusik, das Regiment von Rhythmus und Melodie über Motorik und Haltung, oder das Mysterium der Verwandlung, durch das lebende Menschen eine andere Form annehmen oder zu jemandem anderen werden.

Derartige Transformationen sind Zentralthema aller Religionen. Die Islamistin Michaela Mihriban Özelsel hat den Sufi-Theoretiker Hz. Mevlana Celalettin Rumi (1207-1273) in Erinnerung gebracht, der die spirituelle Wandlung des Gläubigen mit dem alchemistischen Prozeß, dem Weg vom Rohen über das Gekochte zum Verbrannten verglichen hat (1996: 198). Die heilige Bewegung des Tanzes verwandelt Menschen in Götter oder Tote. Dieser Identitätswechsel kann mit vielerlei Hilfsmitteln wie Ortswechsel, Zeitwechsel, Kostümwechsel, Nahrungswechsel, Geschlechtswechsel, Sprachwechsel etc. eingeleitet und begleitet werden; die verwandelte Motorik ist aber der sichtbarste Ausdruck dafür, daß die Maske sitzt und die Verwandlung gelungen ist.

Für das moderne Verständnis mit seiner Gewöhnung an Bühnentheater, Gesellschaftstanz und Mediensimulation fällt der Zugang zum Besessenheitstanz, wie er in den dynamischen Kulten am Rande oder außerhalb der Industriegesellschaft gepflegt wird, außerordentlich schwer. Insbesondere verbaut die Frage nach der Echtheit jede empathische Übersetzung, sowie auch der Schamanismus, die Religion mit dem tanzenden Priester, lange selbst in der Ethnologie psychopathologisch gedeutet wurde (Müller 1997). Nun zeigen neuere Studien über Besessenheitskulte, daß es fast immer eine abgestufte Teilhabe an der Wiederkehr der Geister und Götter gibt. In Santeria und Vodou lassen sich auch säkulare Beteiligungen beobachten, die das Geschehen als Zuschauer eines Spiels auf der Bühne begreifen, wie umgekehrt Besessenheiten auf als säkular geltenden Bühnen vorkommen (Schmiderer 1996).

Andererseits lassen sich die tanzenden Jugendkulte und -moden auch so lesen, daß die Kluft zwischen dem »saturday night fever« und dem Dienst an Baron Samedi überhaupt nicht mehr unüberbrückbar erscheint. Gabriele Klein hat in ihrer ausgezeichneten Studie *Electronic Vibration. Pop Kultur Theorie* (1999) das Selbstverständnis des heutigen Jugendtanzes – jenseits aller Veränderungsideale und Zukunftshoffnungen – auf die Formel gebracht: »Man kann nichts mehr bewegen außer sich selbst.« Im Tanz selbst, besonders im Solotanz aber sieht

---

2 Zum Niedergang des Totentanzes in der frühen Neuzeit s. Zentralinstitut und Museum für Sepulkralkultur 1998.

Klein eine Zerlegung der Persönlichkeit, eine Bewegungskommunikation mit imaginären Partnern – auch in einem selbst. Damit sind wir bei der modernen Version der Geistbesessenheit, die keine Geister mehr kennt oder benennen will, und doch zu sich als einem anderen kommt. Die Rede von der »internationalen Sprache des Tanzes« geht von der Befriedigung spezifisch westlicher Bedürfnisse nach Entspannung, Zerstreuung, erotischem und exotischem Reiz sowie der gegenseitigen Bereicherung im Kulturkontakt aus. Dahinter steht das psychologische Verständnis des Individuums in der Krise, das nach Mitteln der Ich-stärkung greift. Der archaische Tanz aber ist kein Weg der Ich-Stärkung, sondern der Ich-Entleerung. Das ist die Voraussetzung für eine gelungene Besitzergreifung des »Pferdes« durch den »Reiter«, wie die Metaphorik in den Tanz-Kulten häufig lautet (Krings 1997). Tanz als göttliche Bewegung gleicht dem Verzicht auf Subjektivität, dem zentralen Heiligtum des modernen Selbstverständnisses. »Mich tanzt der Tod bis ich fertig bin«, verriet die junge !Kung-Frau Nisa der Ethnographin Marjorie Shostak (1981). Dieser Verzicht auf Subjektivität und Hingabe an den Meister des Lebens sehen wie ein naiver Vorgriff dessen aus, was Mystiker und »Religionsvirtuosen« (Max Weber) am Ende lebenslanger Übungen zu erhoffen wagen, »das Sterben vor dem Sterben« (Schimmel 1975).

Was archaische Religionen von Anfang an zu besitzen scheinen, jene Sensibilität für die Heteronomie des Subjekts, die am lebendigsten im Tanz, im Kulttanz, im Besessenheitstanz zum Ausdruck kommt und die ikonographisch die gebeugten Knie vorschreibt, weil diese Körperhaltung den Menschen in Bewegung und Erregung – aber von außen gesteuert – offenbart, scheint in den heterodoxen Linien der Gerichtsreligionen selbst, für die das allein verantwortliche Subjekt dogmatische Voraussetzung ist, noch aufbewahrt zu sein. Die Sufi-Gelehrte Özelsel zitiert eine alte Anweisung zum Ich-Verlust durch heilige Bewegungen: »Erst tust du so, als machtest du *dhikr*, dann machst du *dhikr*, schließlich macht der *dhikr* dich.« (1996: 196)

Literatur

Asad, Miriam (1984): *Vom Geist des Islam*, Köln: Islamische Wissenschaftliche Akademie.

Auerbach, Erich (1946/1982): *Mimesis. Dargestellte Wirklichkeit in der abendländischen Literatur*, Bern/München: Francke.

Bachofen, Johann Jakob (1859/1954): *Versuch über die Gräbersymbolik der Alten* (Ges. Werke Bd. IV), Basel: Benno Schwab & Co.

Bascom, William R. (1944): *The sociological role of the Yoruba Cult Group* (American Anthropological Association Memoir Series 63), Washington.

Bascom, William R. (1969): *The Yoruba of Southwestern Nigeria*, New York u.a.: Holt, Rinehart & Winston.

Bataille, Georges (1957/1994): *Die Erotik*, München: Matthes & Seitz.

Benedict, Ruth (1934): *Patterns of Culture*, Boston, Mass.: Houghton Mifflin Co.

Bloßfeldt, Willy (1928): *Formen der Negerplastik. Ein Versuch zur Ästhetik des Primitiven*, Leipzig: Gebr. Gerhardt.

Böhringer-Thärigen, Gabriele (1996): *Besessene Frauen. Der zâr-Kult von Omdurman*, Wuppertal: Trickster/Hammer.

Bücher, Karl (1896/1909): *Arbeit und Rhythmus*, Leipzig/Berlin: B.G. Teubner.

Das, Rahul Peter/Meiser, Gerhard (Hg.) (2002): *Geregeltes Ungestüm. Bruderschaften und Jugendbünde bei indogermanischen Völkern*, Bremen: Hempen.

Erkenz, Franz-Reiner (Hg.) (2002): *Die Sakralität von Herrschaft – Herrschaftslegitimierung im Wechsel der Zeiten und Räume*, Berlin: Akademie.

Frobenius, Leo (1898): *Die Masken und die Geheimbünde Afrikas*, Halle: Karras.

Frobenius, Leo (1933/54): *Kulturgeschichte Afrikas. Prolegomena zu einer historischen Gestaltlehre*, Zürich: Phaidon.

Fustel de Coulanges, Numa Denis (1864): *La cité antique. Etude sur culte, le droit, les institutions de la Grèce et de Rome*, Paris.

Germann, Paul (1943): »Afrikanische Kunst«. In: Günter Wolff (Hg.), *Beiträge zur Kolonialforschung. Tagungsband I*, Berlin: Dietrich Reimer, S. 71-79.

Gerstein, Mary R. (1974): »Germanic Warg: The Outlaw as Werewolf«. In: Gerald James Larson (Hg.), *Myth in Indo-European Antiquity. Proceedings of a symposium held at Santa Barbara 1971*, Berkeley: University of California Press, S. 131-156.

Hatoum, Rainer (2002): *Powwow Means Many Things to Many People. Eine Auseinandersetzung mit Fragen der kulturspezifischen Wissensvermittlung, Sinnkonstruktion und Identität*. Diss., J.W. Goethe-Universität, Frankfurt/M.

Heizmann, Wilhelm (2002): »Germanische Männerbünde«. In: Das/Meiser (2002), S. 117-138.

Hortleder, Gert/Gebauer, Gunter (Hg.) (1986): *Sport – Eros – Tod*, Frankfurt/M.: Suhrkamp.

Huet, Michel (1978/1979): *Afrikanische Tänze. Texte von Jean Laude und Jean-Louis Paudrat*, Köln: Dumont.

Jensen, Adolf Ellegard (1951): *Mythos und Kult bei Naturvölkern. Religionswissenschaftliche Betrachtungen*, Wiesbaden: Franz Steiner.

Kavari, Jekura/Henrichsen, Dag/Förster, Larissa (2004): »Die oturupa«. In: Larissa Förster/Dag Henrichsen/Michael Bollig (Hg.) *Namibia-Deutschland. Eine geteilte Geschichte. Widerstand – Gewalt – Erinnerung*. Köln: Ed. Minerva, S. 154-163.

Kerényi, Karl (1938): »Vom Wesen des Festes. Antike Religion und ethnologische Religionsforschung«. In: *Paideuma* I, S. 59-74.

Klages, Ludwig (1934): *Vom Wesen des Rhythmus*, Kampen/Sylt: Niels Kampmann.

Klein, Gabriele (1999): *Electronic Vibration. Pop Kultur Theorie*, Frankfurt am Main: Rogner & Bernhard/Zweitausendeins.

Kramer, Fritz W. (1987): *Der rote Fes. Über Besessenheit und Kunst in Afrika,* Frankfurt/M.: Athenäum.

Krings, Matthias (1997): *Geister des Feuers. Zur Imagination des Fremden im Bori-Kult der Hausa,* Hamburg: Lit.

Lips, Julius (1937/1983): *Der Weisse im Spiegel der Farbigen,* Leipzig: VEB E.A. Seemann.

Luther, Martin (1545/1972): *Biblia. Das ist: Die gantze Heilige Schrifft.* München: Rogner & Bernhard.

Marett, Robert Ranulph (1932/1936): *Glaube, Hoffnung und Liebe in der primitiven Religion. Eine Urgeschichte der Moral,* Stuttgart: Ferdinand Enke.

McCone, Kim (2002): »Wolfsbesessenheit, Nacktheit, Einäugigkeit und verwandte Aspekte des altkeltischen Männerbundes«. In: Das/Meiser (2002), S. 43-67.

Müller, Klaus E. (1997/2001): *Schamanismus. Heiler, Geister, Rituale,* München: C.H. Beck.

Müller, Klaus E. (2004): *Der sechste Sinn. Ethnologische Studien zu Phänomenen der außersinnlichen Wahrnehmung,* Bielefeld: transcript.

Nietzsche, Friedrich (1871/1980): *Die Geburt der Tragödie aus dem Geiste der Musik* (Werke I, hg. v. Karl Schlechta), Frankfurt/M.: Ullstein.

Nürnberger, Marianne (1996): »Shiva tanzt in London: Tanz in multiethnischer Gesellschaft«. In: Nürnberger/Schmiderer (1996), S. 215-250.

Nürnberger, Marianne/Schmiderer, Stephanie (Hg.) (1996): *Tanzkunst, Ritual und Bühne. Begegnungen zwischen den Kulturen,* Frankfurt am Main: Iko – Verlag für Interkulturelle Kommunikation.

Özelsel, Michaela Mihriban (1996): »Sufi Rituale – in der Tradition und Heute«. In: Nürnberger/Schmiderer (1996), S. 183-214.

Peuckert, Will-Erich (1951/1988): *Geheimkulte,* Hildesheim u.a.: Georg Olms.

Pollak-Eltz, Angelina (1995): *Trommel und Tanz. Die Afroamerikanischen Religionen,* Freiburg: Herder.

Rein, Anette (1996): »TanZeiten auf Bali«. In: Nürnberger/Schmiderer (1996), S. 67-102.

Richter, Sabine (1998): *Das Powwow-Fest bei den Blackfoot – Ein Ausdruck indianischer Identität,* Ulm: Abt. Anthropologie der Universität Ulm.

Schimmel, Annemarie (1975/95): *Mystische Dimensionen des Islam. Die Geschichte des Sufismus,* München: Eugen Diederichs.

Schmiderer, Stephanie (1996): »Lwa und Orischa im Tanz auf der sakralen und weltlichen Bühne – Tänze der Fon und Yoruba Gottheiten in der Diaskora (Haiti und New York)«. In: Nürnberger/Schmiderer (1996), S. 110-140.

Schweinfurth, Georg (1916/1986): *Im Herzen von Afrika. Reisen und Entdeckungen im zentralen Äquatorial-Afrika während der Jahre 1868-1871. Ein Beitrag zur Entdeckungsgeschichte von Afrika* (hg. von Reinhard Escher), Leipzig: VEB F.A. Brockhaus.

Shostak, Marjorie (1981): *Nisa. The Life and Words of a !Kung Woman;* dtsch: *Nisa erzählt: das Leben einer Nomadenfrau in Afrika,* Reinbek b. Hamburg: Rowohlt.

Streck, Bernhard (2002): »Versuch über Verschwendung«. In: Anke Reichenbach/Christine Seige/ Bernhard Streck (Hg.), *Wirtschaften. Festschrift zum 65. Geburtstag von Wolfgang Liedtke.* Gehren: Dr. Reinhard Escher, S. 287-300.

Taubes, Jakob (1996): *Vom Kult zur Kultur. Bausteine zu einer Kritik der historischen Vernunft.* München: Fink.

Turner, Victor (1969): *The Ritual Process. Structure and Anti-Structure,* New York: Aldine Publ. Co.

Wendl, Tobias (1991): *Mami Wata – oder ein Kult zwischen den Kulturen,* Hamburg/Münster: Lit.

Wilber, Ken (1989): *The Atman Project – A Transpersonal View of Human Development.* Wheaton: Theosophical Publ. House.

Zentralinstitut und Museum für Sepulkralkultur (1998): *Tanz der Toten – Todestanz. Der monumentale Totentanz im deutschsprachigen Raum,* Dettelbach: J.H. Röll.

Nachweise und Beschreibungen der Abbildungen

1) »Malanggan-Skulptur, Holz, rot, weiß, gelb und schwarz bemalt, Bast- und Fasermaterial, Schneckendeckel, H. 115 cm. Gardner-Inseln, Neuirland, Papua Neuguinea«, Staatliches Museum für Völkerkunde: Ferne Völker – Frühe Zeiten. Kunstwerke aus dem Linden-Museum Stuttgart, Verlag Aurel Bongers Recklinghausen, 1982, Bd. 1, S. 164.

2) »Hölzerne Figur einer Ahnfrau. Höhe 42 cm. Baule«, Kunz Dittmer: Kunst und Handwerk in Westafrika (Wegweiser zur Völkerkunde Heft 8), Hamburgisches Museum für Völkerkunde und Vorgeschichte, Hamburg: Im Selbstverlag 1966, S. 6.

3) »Aus Holz geschnitzte Figur der Fang, auch Pangwe oder Pahouin genannt, Kongo Léopoldville (Kongo-Kultur). Die Plastik repräsentiert einen Wächtergeist, der die Gebeine der Ahnen, die in zylindrischen Rindenbehältern aufbewahrt werden, vor bösen Geistern schützen soll. Der Kopfschmuck besteht aus Federn. Höhe 62 cm«. Abi Jones: Afrikanische Kunst im Wandel. Westermanns Monatshefte 104, 7, 1963, S. 57-67, Abb. S. 59.

4) »Kriegstanz der Ntore, Tussi, Ruanda«. In: Huet 1978, S. 254.

5) »Tanz, Gesang und Rezitationen von *omitandu,* so genannten Preisliedern, begleiten die Feierlichkeiten in Okahandja«. In: Kavari et.al. 2004, S. 163.

Monika Fikus & Volker Schürmann
Die Sprache der Bewegung

Es ist das in aller Regel geteilte Selbstverständnis der Sportwissenschaft, daß es sich bei sportlichen Bewegungen um mehr und anderes handelt als um bloß physische Bewegungsvollzüge. Das *Sportwissenschafliche Lexikon* hält fest, daß »die physikalische Definition von Bewegung [...] für viele Fragestellungen im Sport und in der Sportwissenschaft zu eng« sei und der »primär zielgerichtete[n], an Problemlösen orientierte[n] Bewegung« des Menschen nicht gerecht würde (Bös/ Mechling 2003: 82). Gerhardt/Lämmer (1993: 1) haben dieses Selbstverständnis beinahe auf eine Parole gebracht: »Wer im Sport nur einen Vollzug körperlicher Bewegungen sieht, der wird nie verstehen, worum es in Spiel und Wettkampf eigentlich geht.«

Grundsatz unseres Selbstverständnisses

Wenn man diesem Selbstverständnis folgt, dann sind sportliche Bewegungen durch ein Moment X konstituiert, das nicht reduzierbar ist auf die *physis* bzw. ›Natur‹ der Bewegungen. Wir wollen dieses X *Bedeutung* nennen: Sportliche Bewegungen *bedeuten etwas*.

- Wer wissen will, was jemand spezifisch tut, der Sport treibt, dem kann es aus Gründen der Sache nicht darum gehen, eine Beschreibung des rein physischen Bewegungsvollzugs geliefert zu bekommen, sondern der muß und will wissen, was dieser Bewegungsvollzug *bedeutet*;
- wer sporthistorisch wissen will, was Turnen (im Sinne des deutschen Turnens im 19. Jahrhundert) ist, dem hilft es nicht, eine Beschreibung der gymnastischen Übungen zu bekommen, sondern

der benötigt eine Beschreibung »Turnen ist der Vollzug bestimmter gymnastischer Übungen im Geiste der Nation«;
- »Es lohnt nicht, wie Thoreau sagt, um die ganze Welt zu reisen, bloß um die Katzen auf Sansibar zu zählen.« (Geertz 1983: 24)

Dann kann man sportliche Bewegungen als *Zeichen* auffassen. In dieser formalen Hinsicht sind sie dann analog zu Verkehrszeichen, Geldscheinen und vielem mehr zu verstehen. An Zeichen kann man das Moment des Zeichenkörpers und das seiner Bedeutung unterscheiden. Der paradigmatische Fall von Zeichen sind die Worte einer Sprache – Worte einer Sprache sind Wortlaute, die etwas bedeuten. Analog zu der obigen Parole kann man dann formulieren: »Wer im Sprechen nur ein Verlautenlassen von Wortlauten sieht, der wird nie verstehen, worum es in menschlicher Kommunikation eigentlich geht.« Denn so jemand kann Sprechen nicht von Geräusche-machen unterscheiden.

Naturwissenschaftliche Beschreibungen

Selbstverständlich ist es in der Sportwissenschaft – und gerade dort – gelegentlich angebracht, den physischen Aspekt sportlicher Bewegungen, also den Zeichenkörper dieser Zeichen, ins Auge zu fassen und beschreiben zu wollen.[1] Prominent und exemplarisch geschieht das in der Biomechanik.

Dieses Anliegen widerstreitet in keinster Weise jenem gemeinsamen Selbstverständnis. Das Bedeutungsmoment wird dort keinesfalls bestritten, sondern aus Gründen der Spezifik des Ansatzes nicht thematisiert – also konstant gesetzt. In den und für die naturwissenschaftlichen Beschreibungen sportlicher Bewegungen gilt es als ganz selbstverständlich, daß es sich um eine Beschreibung der *physis* sportlicher Bewegungen *unter Absehen* des Bedeutungsmoments handelt. Willimczik (1999: 71f.) hält nachdrücklich fest, daß die Biomechanik ihren Wissenschaftscharakter verlieren würde, falls sie sich selbst so interpretiert, daß sie ›die‹ sportliche Bewegung oder auch nur deren ›wesentlich-generierenden‹ Anteil beschreibt.

An dieser Stelle gibt es keinerlei Gegensatz einer naturwissenschaftlichen Betrachtung sportlicher Bewegung mit einer zeichentheo-

---

1 ›Beschreibung‹ ist hier in einem möglichst weiten und möglichst neutralen Sinne als ›deskriptive Aussagen machen‹ zu verstehen. Daß der *Modus* deskriptiver Aussagen in der Wissenschaft ein anderer ist als im Alltag, daß er in den Naturwissenschaften ein anderer sein dürfte als in den Kulturwissenschaften etc.pp. ist selbstverständlich, aber ändert nichts daran, daß so etwas dann eben Unterschiede im *Beschreiben* sind. ›Beschreibung‹ ist hier ein formales Minimum, was wiederum nichts mit »kleinen Geschichten« zu tun hat, wie sie Schierz (1995) im Unterschied zu »großen Erzählungen« bevorzugt.

retischen Konzeption sportlicher Bewegungen. Die Phonetik widerstreitet ja auch nicht einer zeichentheoretischen Konzeption von Worten. Eher im Gegenteil. Insofern die Phonetik nicht Geräusche, sondern
Laute untersucht, verlangt sie geradezu eine zeichentheoretische Konzeption. Und das gilt analog auch für die Biomechanik.[2]

Ein Gegensatz liegt ganz woanders – und er geht quer sowohl
durch naturwissenschaftliche als auch geistes- oder sozialwissenschaft-
liche Ansätze. Er wird sichtbar, wenn man eine Antwort auf die Frage
sucht, wie im jeweiligen Ansatz *das Verhältnis* von Zeichenkörper und
Zeichenbedeutung gedacht wird.

Eine Möglichkeit dieser Verhältnisbestimmung liegt darin, von zwei
Momenten des Zeichens auszugehen – Zeichenkörper und Zeichenbedeutung –, die in einem logisch hinzukommenden Akt zum Zeichen
synthetisiert werden. Die Versicherung, daß dabei eine ›lediglich analytische Trennung‹ vollzogen werde, ist banal und überflüssig. Weil und
insofern von Zeichen die Rede ist, ist ganz selbstverständlich, daß es
Zeichenkörper und Zeichenbedeutung nur zusammen ›gibt‹. Der
springende Punkt dieses Grundansatzes liegt allein in der Logik der
Verhältnisbestimmung: dort kann *einerseits* über Zeichenkörper (ohne
Bezugnahme auf die Zeichenbedeutung) geredet werden, *andererseits*
über Zeichenbedeutung (ohne Bezugnahme auf den Zeichenkörper)
und *drittens* über deren Zusammenhang. Forschungspragmatisch zeigt
sich das darin, daß man zunächst den je eigenen Aspekt der Sache beschreibt, um *dann* nach dem Zusammenhang mit anderen Aspekten der
Sache zu fragen. Interdisziplinarität als nachträgliche Zusammenarbeit
getrennter Disziplinen.

Die grundsätzlich andere Möglichkeit der Verhältnisbestimmung
von Zeichenkörper und Zeichenbedeutung gegenüber jener Synthesis-
Konzeption liegt in einem *diakritischen* Ansatz: *An* einem gegebenen
Zeichen können beide Momente unterschieden werden. Ein diakritischer Ansatz postuliert nicht lediglich eine faktische, sondern eine (hier
so genannte) bedeutungslogische Einheit von Zeichenkörper und Zeichenbedeutung. Die Bedeutung eines Zeichens ist dann prinzipiell die
Zeichenbedeutung des Zeichenkörpers *dieses Zeichens*, und dieser Genitiv ist bedeutsam. Genau darin liegt die eigenbedeutsame Materialität
der Zeichen. Forschungspragmatisch fordert das das bewußte Reflek-
tieren darauf, daß bereits die Bestimmung eines *Aspekts* einer Sache einen (Vor-)Begriff der ganzen Sache in Gebrauch nimmt (vgl. Franke

---

2 »Die Biomechanik des Sports ist eine anwendungsbezogene Teildisziplin
der Sportwissenschaft. Als solche vertritt sie den wissenschaftlichen Ansatz der Mechanik, grenzt sich von dieser aber dadurch ab, daß sie Spezi-
fizierungen berücksichtigt, die sich durch die Ausrichtung auf den
menschlichen Körper ergeben.« (Willimczik 1999: 72)

1994: 34f.). Interdisziplinarität aufgrund einer Resonanz gleicher Sachbestimmung.

Auch wenn in jüngerer Zeit im Zuge der Rede von einer sog. qualitativen Bewegungslehre insbesondere die individuelle Bedeutung von Bewegung in das Blickfeld kommt, so nimmt die Motorikforschung im engeren Sinne in aller Regel eine explizite Trennung von Bewegung und Bedeutung vor (vgl. z.B. Hossner 2001). Im erklärten Selbstverständnis des Faches bildet die Ortsveränderung des Körpers nach wie vor die sachliche Ausgangsbasis, die dann selbstverständlich durch hinzukommende bzw. funktional abhängige Phänomene ergänzt werden muß.[3] Spiegelbildlich dazu spielt in der sog. pädagogischen Bewegungswissenschaft bzw. -lehre die Spezifik des körperlichen Vollzuges – von wenigen Ausnahmen abgesehen (Bähr, Bietz, Gröben, Loibl, Scherer) – keine Rolle, da diese als eine rein physikalische angesehen wird. So füllen Bewegungswissenschaft und Sportpädagogik (bzw. Soziologie, Kulturwissenschaft etc.) wechselseitig ihre Lücken, aber es gibt keinen *gemeinsamen* Gegenstand, *an* dem beide Aspekte unterschieden werden. Angedeutet wird eine solch diakritische Alternative bei Hossner (2001), der in Aussicht stellt, daß eine Bewegungswissenschaft, die sich auch mit der Frage phänomenaler Bedeutungen befaßt, letztendlich, falls sie denn gelänge, andere Fragen stellen muß oder wird. Aber das werden aller Voraussicht nach überflüssige Fragen sein, denn Hossner erwartet (ebd.: 147), daß die »Integration [...] dann nichts wirklich Neues hinzufügen« würde.

Die häufige Fraglosigkeit, mit der ein Synthesis-Konzept von Bewegung und Bedeutung vertreten wird, ist ein durchaus konsequenter Ausdruck des zugrundeliegenden Grundverständnisses von Bewegung. Erklärungsbedürftig scheint beinahe durchgehend, daß sich Bewegung überhaupt vollzieht – und also gilt eine konkrete Bewegung als das *Ergebnis* des Wirkens der verschiedensten Ursachen. Eine dieser Ursachen ist dann selbstverständlich die je individuelle Zuschreibung von Bedeutsamkeiten. Insofern wird in bezug auf das Verhältnis von Bewegung und Bedeutung nur verlängert, was auch ansonsten für das Verhältnis von Bewegung und ›bewegenden Ursachen‹ unterstellt wird. Den grundsätzlichen Unterschied in der Logik synthetisierender oder aber diakritischer Ansätze kann man dementsprechend auch an der Verhältnisbestimmung von Bewegung und ›Information‹ studieren:

---

3   »Die Bewegung des Menschen als [...] Gegenstand der Bewegungswissenschaft und -lehre beinhaltet alle produzierten Phänomene sowie alle funktionalen Teilsysteme und -prozesse, die bei der Ortsveränderung des Körpers auftreten.« (Olivier/Rockmann 2003: 19)

In der Bewegungswissenschaft gibt es niemanden, der nicht den engen Zusammenhang von Wahrnehmung und Bewegung proklamiert. Informationstheoretische Ansätze, auf deren Grundmodell die meisten der derzeit diskutierten und angewendeten Theorien beruhen, vollziehen immer einen doppelten Zwei-Schritt: vom Perzept zur Wahrnehmung, von der Repräsentation zur Bewegung. Dabei wird Wahrnehmung im psychophysischen Paradigma (vgl. Fechner 1889) untersucht und zugleich als ›Input‹ einer davon ausgelösten Bewegung betrachtet. Logisch gilt damit die Bewegung als getrennt von der Wahrnehmung analysierbare Ausführung einer Peripherie.

Erst mit Gibson (1982) kam die Idee in die Welt der Motorikforschung, Bewegung und Wahrnehmung im Zusammenhang zu betrachten. Das entsprechende Konzept ist das der »affordances«, welches besagt, daß nur das wahrgenommen wird, was in einer Situation für den Wahrnehmenden relevant ist und was im engen Zusammenhang zu dessen Bewegungsmöglichkeiten steht. Dieser Ansatz ist ein explizites Gegenmodell zur kognitivistischen Auffassung, die von einem bedeutungslosen Reiz als Eingangsdatum der Wahrnehmung ausgeht (vgl. Marr 1982), das in mehreren Verarbeitungsstufen mit Bedeutung versehen wird. Schon vor Gibson und in der Sache analog war das Kohärenzprinzip des Gestaltkreises (Weizsäcker 1940) formuliert worden. Das besagt am Beispiel des Tastvorganges, daß ›Tasten‹ prinzipiell im Bewegungsvollzug entspringendes ›etwas-Tasten‹ bedeutet, also gerade nicht eine Synthese von Tasten und Gegenstand. Zugrunde liegt das Prinzip von Uexküll-Umwelten: Ameisen kennen nur Ameisen-Dinge. Wahrnehmen ist dort nicht ein Hin-und-Her und auch keine Rückmeldeschleife im Sinne des kybernetischen Regelkreises, sondern Ein, in sich differenzierter Vorgang. ›Bewegung‹ ist dabei das vermittelnde Medium von Etwas-*Wahrnehmen* und *Etwas*-Wahrnehmen.

Einen ›transdisziplinären‹ Ansatz verspricht den Informationsverarbeitungstheorien gegenüber die Modellierung von Bewegung als komplexes, dynamisches System. Hier wird z.B. nach Newell (1986) ›Bewegung‹ als ein emergenter Prozeß beschrieben, wobei »constraints« – den physischen und psychischen Menschen, die Umgebungsbedingungen, die (Bewegungs-)Aufgabe und insbesondere deren Interaktion betreffend – jeweils die Selbstorganisationsprozesse begrenzen bzw. ermöglichen. Bisher ist dieses Modell aber nicht in der beschriebenen Breite empirisch geprüft. Es ist jedoch explizit kein hierarchisches Modell; die Denkbewegung geht nicht von der physis zur Bedeutung oder umgekehrt.

Zuschreibungs-Theorien von Bedeutung

In der *Verhältnis*bestimmung von Zeichenkörper und Zeichenbedeutung hört die Gemeinsamkeit der Sportwissenschaft auf. In der Regel wird implizit oder explizit eine Synthesis-Konzeption vertreten. Sportliche Bewegungen bedeuten etwas – das sagen alle. Aber Synthesis-Konzeptionen sagen das in *der* Weise, daß ein Bedeutungsmoment mit dem physischen Bewegungsvollzug verknüpft wird.

Das ist z.b. in all den von uns so genannten *Zuschreibungs-Theorien von Bedeutung* der Fall. Der Bedeutungsbegriff ist dort an der Psychologie orientiert und *Bedeutung* bedeutet dort ›Bedeutsamkeit-für-Jemanden‹. Das Bild ist dort ungefähr dieses: Irgendein handelnder Jemand verbindet irgendeinen ›Sinn‹ mit (s)einem Bewegungsvollzug und schreibt diesen seinen Sinn der Bewegung zu, die dadurch, also durch eine zugeschriebene Relevanz, etwas bedeute.

Bereits im zweiten Satz hört die Gemeinsamkeit mit Gerhardt/ Lämmer (1993) auf. So sehr ihre Parole das gemeinsam geteilte Verständnis trifft, und so zustimmungspflichtig diese Parole in der Sportwissenschaft ist, so spezifisch ist die Erläuterung, die dort gegeben wird:»Denn von der physischen Bewegung [...] hängt nur dann etwas ab, wenn sie *gewollt* ist. Sie muß überdies im Bewußtsein der das Spiel oder den Kampf konstituierenden Regeln geschehen. Ohne das Motiv kommt nichts zustande, was für den Sport kennzeichnend oder ausschlaggebend ist. Erst wenn das Motiv wirksam ist, zählen Muskelkraft, Geschicklichkeit und meßbare Leistung; und nur in *Kongruenz von innerem Antrieb und äußerer Funktion* stellt sich auch die Lust an Spiel und Wettkampf ein.« (Ebd.: 1)

Die Bedeutung von *Bedeutung* ist demgegenüber in der Semantik eine ganz andere. Semantisch gesehen bedeutet das Wort ›Hund‹ eben *Hund* ganz unabhängig davon, ob irgendeiner Sprecherin Hunde besonders bedeutsam erscheinen oder nicht. Die semantische Bedeutung von Worten kommt nicht dadurch zustande, daß ein Sprecher diese Bedeutung aussagen *will*.

Was jene Zuschreibungs-Theorien für sich in Anspruch nehmen, ist, daß sie, und nur sie, der Subjektivität und damit der Freiheit der Individuen gerecht werden. »Es empfiehlt sich, an den Primat der inneren Einstellung zu erinnern, wenn von Sport und Moral die Rede sein soll. [...] Die Sportler scheinen so hart von den ökonomischen, publizistischen und technischen Realitäten bedrängt zu werden, daß von einem eigenen Entscheidungsspielraum gar nicht mehr die Rede sein darf.« (Gerhardt/Lämmer 1993: 1)

Doch die Unterstellung, daß man eine Zuschreibungs-Theorie von Bedeutung vertreten muß, um der Subjektivität gerecht zu werden, ist sachlich falsch, um nicht zu sagen demagogisch. Wenn es für uns persönlich keinen rechten Sinn macht, Rehpinscher in Regenjacke zu den Hunden zu zählen, während das für viele andere einen ganz selbstverständlichen Sinn macht, so ist das ein Sachverhalt, der dem semantischen Bedeutungsbegriff nicht nur nicht widerstreitet, sondern den semantischen Bedeutungsbegriff voraussetzt. Solch unterschiedliche Sinngebungen sind eben und immerhin unterschiedliche je subjektive Lesarten der Bedeutung *Hund.*

Leont'ev wird (der Möglichkeit nach) der Subjektivität gerecht, ohne eine Zuschreibungs-Theorie zu vertreten. Er unterscheidet (1982: 144 ff.) aus- und nachdücklich zwischen *gesellschaftlicher Bedeutung* und *persönlichem Sinn.* Damit folgt er einer Herderschen, und eben nicht einer Kantischen, Traditionslinie. Spätestens seit und mit Herder macht es einen sehr guten und präzisen Sinn zu sagen, daß wir in eine bereits lebendige Sprache hineingeboren werden. Dann *eignen* wir uns eine Sprache *an*: wir machen etwas Eigenes aus dem, was vorhanden ist, und verändern dadurch das zuvor Vorhandene. Die Freiheit der Individuen liegt hier darin, Bedeutungen zu *modifizieren*, nicht aber darin, Bedeutungen allererst zu schaffen und zuzuschreiben.

Der Verweis auf die je schon gelebten Bedeutungen schließt Subjektivität weder aus noch zwingt es zu einem Konzept sekundärer Subjektivierung von vorgegebenen so genannten objektiven Bedeutungen.[4] Was sich allein, und allerdings sehr entschieden, ändert, ist das Verständnis von Subjektivität. In den Zuschreibungs-Theorien kommt die Subjektivität gleichsam an unkluger Stelle ins Spiel. Es ist unglücklich, die Freiheit der individuellen Sinngebung so zu interpretieren, als seien Bedeutungsgenerierungen willkürlich-wollende Akte der Bedeutungs-Zuschreibung.[5]

Ein diakritisches Konzept

Daß Zeichen schon als solche eine Bedeutung haben – daß man *an* ihnen einen Zeichenkörper und eine Zeichenbedeutung unterscheiden

---

4 Daß Leont'ev selbst eine objektivistische Konzeption vertrete, ist eine sich hartnäckig haltende Legende, die in östlichen Gefilden von den Anhängern Rubinsteins und in westlichen Gefilden von der *Kritischen Psychologie* Holzkamps (der nunmehr selbst von diesem Vorwurf betroffen ist) verbreitet wird. Überreste davon finden sich auch noch bei Alkemeyer (2004: 52f.).

5 Was bei der Psychologisierung des Bedeutungsbegriffs passiert, kann man gut in einer der *Kindergeschichten* von Peter Bichsel nachlesen. Was in *Ein Tisch ist ein Tisch* zunächst ganz frohgemut anfängt – die Idee, man könne doch gegen die Langeweile auch einmal versuchen, die Bedeutung *Tisch* dem Wortlaut ›Teppich‹ zuzuschreiben –, endet arg traurig: die Idee der Bedeutungs*zuschreibung* macht Sprechende sehr einsam.

kann, und daß die Bedeutung von Zeichen nicht eigens ein Täter-Subjekt als Bedeutungs-Unternehmer[6] benötigt –, setzt voraus, daß Zeichen nicht alleine dastehen. Vorausgesetzt ist dann in irgendeinem Sinne die Rede von einem *System* von Zeichen. Was ein *System* sei, kann ganz unterschiedlich verstanden werden. An dieser Stelle reicht völlig aus, darunter einen Gegenbegriff gegen eine rein mengentheoretisch gefaßte Ansammlung von Einzelzeichen zu verstehen. Ein *System* von Zeichen in diesem minimalen Sinne postuliert irgendeinen *Zusammenhang* zwischen den Zeichen. Die Rede ist, wohlgemerkt, nicht von einem schönen Zusammenhang, sondern von *Zusammenhang*. Ob sich die Beziehungen zwischen den Zeichen als Brüche oder als Gleichgültigkeiten oder als harmonische Verträglichkeiten manifestieren, ist in anderen Kontexten alles entscheidend, aber für die Stelle des jetzigen Gedankenganges gleichgültig.

Zentral ist dann jedoch, daß man nicht an einzelnen Zeichen allein deren Zeichencharakter feststellen kann. Es ist ein völlig anderer Einsatz, wenn Scherler (1990: 399) im Anschluß an Peirce eine »triadische Struktur des Zeichens« zugrundelegt, der gemäß ein Zeichen »etwas [sei], das für jemanden in irgendeiner Hinsicht oder Funktion für etwas anderes steht«. Da ist von einem Zusammenhang der Zeichen als Zeichen nicht die Rede, und folglich bilden mehrere Zeichen bestenfalls eine Menge. Auch das erläuternde Beispiel (ebd.: 400) bestätigt das: es ist ein einzelner geknickter Zweig, der für spielende Kinder die Funktion übernimmt, eine Wegrichtung anzuzeigen. Die vermeintlich ›bloß analytische Trennung‹ in einen Zeichenträger, Zeichennutzer und Zeichengegenstand ist eine *Folge* dieses Grundansatzes: *einzelne* Dinge können tatsächlich rein als solche nichts bedeuten, und eben deshalb

---

6 Diese sehr schöne Formulierung des »Unternehmers« ist Röttgers (1983) entliehen – ein Text, der für das hier Vorliegende grundlegend ist. Röttgers zeigt, daß sich in der kurzen Zeit von 1795 bis 1805 das Verständnis von ›Prozeß‹ grundlegend gewandelt hat. Prozesse finden nunmehr einfach statt, und müssen nicht mehr durch ein dem Prozeß logisch vorgeordnetes Täter-Subjekt eigens unternommen werden. Und d.h.: »Kräfte gehören nicht mehr zu den ursächlichen Vorgegebenheiten von Prozessen, sondern Kräfte sind Aspekte von Prozessen, deren Beziehung zu Prozessen auch umgekehrt als Ursächlichkeit der Prozesse für Kräfte gedeutet werden muß.« (Ebd.: 126; vgl. Röttgers 2003) – Das sind offenbar 10 Jahre Begriffsgeschichte, die alle nicht-systemdynamisch orientierten Ansätze der Biomechanik bis dato noch nicht irritieren konnten: »Ursache von Bewegungen als Erscheinungen in Raum und Zeit sind Kräfte. Der Sprinter erzeugt sie, um sich vorwärts zu bewegen, der Hochspringer, um der Gravitation entgegenzuwirken [...]. Während die Kinematik sich mit der Ortsveränderung von Körpern – und darunter fällt auch die menschliche Bewegung – in Raum und Zeit beschäftigt, ist die Dynamik die Lehre von den die Bewegung verursachenden Kräften.« (Willimczik 1999: 21)

bedarf es Nutzer, »die Zeichen erzeugen und/oder verarbeiten« genau so wie es Gegenstände bedarf, damit die Zeichen *etwas* bedeuten (ebd.: 399). Saussure redet weder von Nutzern noch von Gegenständen, sondern von Zeichen-in-ihrem-Zusammenhang-zu-anderen-Zeichen. Er thematisiert also nicht ›auch noch‹, nachdem es logisch Zeichen bereits gibt, deren Beziehungen, und erst recht nicht, wie eine so genannte »Syntaktik« (ebd.) (im Sinne jener triadischen Struktur) die Beziehung zwischen Zeichenträgern. Die Beziehung der Zeichen macht für Saussure deren Bedeutung aus, so daß hier sog. Syntaktik und sog. Semantik in einer Semantik (im Sinne Saussures) zusammenfallen.

In *diakritischen* Ansätzen ist dieser ›Zusammenhang überhaupt‹ des weiteren als ein ›Sich-Unterscheiden‹ bestimmt. Es dürfte *die* Einsicht von Saussure sein, hinter die diakritische Ansätze nicht zurück wollen und durch die sie definiert sind, daß die Bedeutung von Zeichen davon abhängt, wie sie sich von anderen Zeichen desselben Zeichensystems unterscheiden.

Das Wort ›sheep‹ hat im Englischen dadurch die Bedeutung, die es hat, daß es sich von ›dog‹, ›cat‹, ›house‹, ›dream‹ und manchem mehr unterscheidet – spezifisch aber auch dadurch, daß es sich von ›mutton‹ unterscheidet. Diese Unterscheidbarkeit durch verschiedene Zeichen für das Tier auf der Weide und das auf den Tisch gebrachte Stück Fleisch ist z.B. im Französischen nicht gegeben, und deshalb bedeutet ›sheep‹ im Englischen etwas anderes als ›mouton‹ im Französischen (vgl. Saussure 1916: 138). Diakritische Zeichentheorien folgen diesem Grundansatz: Das Parkverbotzeichen bedeutet das, was es nun einmal bedeutet, auch und u.a. deshalb, weil es sich vom Halteverbotszeichen unterscheidet. ›Verstand‹ im Deutschen bedeutet eben nicht exakt *reason*, weil im Deutschen die Unterscheidung von Verstand und Vernunft möglich ist, während im Englischen dafür nicht zwei Wörter zur Verfügung stehen.

Verallgemeinert gesprochen, können an den Zeichen*bedeutungen* von Zeichen(körpern) ihrerseits zwei Momente unterschieden werden. Das ist zum einen der semantische Gehalt, der durch diesen und nicht jenen Zeichenkörper individuiert ist: der semantische Gehalt etwa von *Hund*, der im Gebrauch des Wortlautes ›Hund‹ liegt, und der im System der deutschen Sprache ein anderer ist, wenn wir den Wortlaut ›Katze‹ gebrauchen. Das ist zum anderen der Ort des Zeichens im System, seine Stellung im Vergleich und Unterschied zu all den anderen Zeichen des gleichen Systems. Die an einen bestimmten Zeichenkörper gebundene Zeichenbedeutung eines Zeichens ist also Ein Doppeltes von semantischem Gehalt (von Saussure »Bedeutung« genannt) und Topos (von Saussure »Wert« genannt) des Zeichenkörpers. Der semantische Gehalt von Zeichenkörpern *erlaubt* die Übersetzbarkeit von Zeichen in ein anderes Zeichensystem, während der Topos von Zeichen-körpern jede Übersetzung schwierig macht.

Die Rede ist hier betont von einem *diakritischen*, und nicht von einem strukturalistischen Ansatz. Der Strukturalismus überliest und überfliegt, daß bei Saussure von einem *Doppelten* von semantischem Gehalt und Topos – von »Bedeutung« *und* »Wert« – die Rede ist; er gefällt sich darin zu behaupten, daß die Bedeutung von Zeichen *nichts anderes* sei als der Topos ihrer Zeichenkörper. Aber dieser Selbstgefälligkeit muß man ja nicht, und wir möchten ihr hier nicht folgen. Stattdessen nehmen wir einen frühen und lapidaren Hinweis von Josef König (1926: 45) ernst; ein Zeichen ist dann sowohl durch seine »Stellung zu anderen« als auch durch »eine unverlierbare eigene Nuance« das *bestimmte* Zeichen, das es eben ist und das es zu einem »qualitativ Einmalige[n], Diskrete[n]« macht.

Bewegungskulturen

Statt *Zeichensystem* kann man nun auch *Kultur* sagen. Darin liegen zwei kleine Verschiebungen. Zum einen ist damit der *mediale* Charakter des Zeichen*systems* betont – in Abgrenzung zu einer *holistischen* Interpretation. Die Zeichen einer *Kultur* sind nicht gedacht als Teile eines Ganzen – so daß man dann darüber streiten könnte, ob die Teile vor dem Ganzen zu stehen kommen oder doch umgekehrt. Insbesondere in diakritischen Ansätzen ist das klar, denn ein Sich-Unterscheiden setzt eine Gleichzeitigkeit der unterschiedenen Zeichen voraus (vgl. Deleuze 1993: 71). Die Zeichen leben in einer Kultur genau so, wie Fische im Wasser leben; da ist von Teilen und Ganzen und von Vor- oder Nachordnungen nicht die Rede (vgl. Luhmann 1984: 20-22). Zeichen sind Zeichen in einem bestimmten Licht bzw. in einem bestimmten »Geist« (Hegel). Kulturen machen eine je kleine oder große *Welt* (von Zeichen) aus.

Die zweite Verschiebung liegt in der Verschiebung von der Sprache zum Sprechen. *Kultur* betont den Vollzugsaspekt, während *Zeichensystem* die Struktur betont. Beides meint das gleiche, aber in je anderer Perspektive. Der Sache nach knüpft das an eine bekannte Unterscheidung Humboldts an, nämlich die von Sprache als *ergon* und als *energeia*.

Das Sprechen einer Sprache ist damit eine Art Prototyp dessen, was hier *Kultur* heißt und was es heißt, eine Kultur zu verstehen. Bezogen auf *Bewegungskultur* heißt das dann, daß auch körperliche Bewegungen Zeichen eines je besonderen Zeichensystems, einer je besonderen Bewegungskultur sind. So wie wir Deutsch oder Englisch reden oder schreiben – oder wie Marx in der Londoner Bibliothek eine merkwürdige Gemengelage –, so bewegen wir uns alltäglich *oder* sportlich *oder*

›auf Arbeit‹; oder dann innerhalb dieser Kulturen bewegen wir uns als Fußballer oder als Ringer oder, oder.

Der theoretisch springende Punkt in dem hier verfolgten Verständnis von *Zeichensystem* und folglich von *Bewegungskultur* liegt in jenem von Hegel ausgeführten, von Saussure in die Semantik eingebrachten und von Luhmann kultivierten diakritischen Ansatz. Zeichen werden hier nicht zusammengesetzt aus einem Zeichenträger und einer irgendwie und irgendwo, z.b. im Kopf eines Individuums, geschaffenen Bedeutung, sondern *an* vorliegenden Zeichen können zwei Momente unterschieden werden. Die wiederum können deshalb unterschieden werden, weil Zeichen nicht alleine sind, sondern sich von anderen Zeichen desselben Systems unterscheiden. Und auch all das gilt nur, weil es Zeichen eines *bestimmten* Zeichensystems sind, das sich von einem anderen Zeichensystem – einer anderen Sprache, einem anderen Dialekt, einer anderen Straßenverkehrsordnung, einer anderen Währung, einer anderen Bewegungskultur – unterscheidet. Will sagen: Kulturen können nicht allein sein.

Zur Methodologie

Ein solches Verständnis von *(Bewegungs-)Kultur* wird sich auch in der Methodologie ihrer Beschreibungen niederschlagen. Dabei ist *Methodologie* hier nicht im Sinne einer Lehre von den Methoden zu verstehen. Es geht nicht primär darum, welche verschiedenen Methoden es gibt und wie sie korrekt und angemessen ein- und umgesetzt werden. Es geht auch nicht nur um die Klärung der Frage, welche Methode welchem Gegenstand angemessen ist; insbesondere geht es hier zunächst nicht um den Unterschied und das Verhältnis von quantitativer und qualitativer Forschung. Versteht man unter *Methodologie* nur das, dann müßten wir mit Geertz (1983: 10) betonen, daß das hier Fragliche »mit Methodologie nichts zu tun hat«.

Was wir demgegenüber unter dem Titel *Methodologie* anzielen, ist eine Vorverständigung darüber, welche *Sorte von* Methoden überhaupt in Betracht kommen. Falls es denn, wie hier behauptet, auf der Gegenstandsseite einen Unterschied macht, ob man das Verhältnis von Bewegung und Bedeutung als Synthesis oder aber diakritisch konzipiert, dann verlangt *dieser* Unterschied eine Unterscheidung auf der Seite der Methodologie: Welche *Sorte von* Methoden ist welchem *Typus von* Gegenstand angemessen? Am Beispiel gesprochen: Menschliche Bewegung ist ein anderer Gegenstand als rein physische Bewegung. Das ist auch im Rahmen einer Synthesis-Konzeption klar; aber dort wird dieser Unterschied nicht als ein Unterschied im Gegenstandstypus behandelt. Es ist dort nicht so, daß sich das Verständnis von ›Bewegung‹ ändert, sondern es kommt ›lediglich‹ ein weiteres Moment, nämlich das

Bedeutungsmoment, hinzu, wodurch der Gegenstand komplexer wird. Wenn man den Unterschied zu einem diakritischen Ansatz nicht verwischen will, dann muß man demgegenüber formulieren, daß menschliche Bewegung als Ein Doppeltes von Bewegung und Bedeutung ein *grundsätzlich anderer* Gegenstand als rein physische Bewegung ist. Im Rahmen eines diakritischen Ansatzes ist somit nicht nur mit je anderen Gegenständen, sondern zudem mit anderen Gegenstandstypen zu rechnen. Und das – daß Gegenstände *als Gegenstände* anders sein können – verlangt eine besondere methodologische Anstrengung.

Eine solche methodologische Vorverständigung wird ein Zweischritt sein müssen. Zum ersten geht es bei der Beschreibung von sportlichen Bewegungen als Zeichen einer Bewegungskultur um je eine methodisch gestützte Beschreibung, »die nach Bedeutungen sucht« (Geertz 1983: 9). Gefragt sind also interpretierende, verstehende, hermeneutische Beschreibungen, bzw. *ethnographische* Beschreibungen, insofern es sich um das Verstehen *von Kulturen* handelt.[7]

Hier ist der erstaunliche Sachverhalt zu konstatieren, daß trotz jenes in aller Regel geteilten Selbstverständnisses (von bedeutsamen Bewegungen auszugehen) eine ausdrückliche Bezugnahme auf ethnographische Beschreibungen in der Sportwissenschaft bis dato eher die Ausnahme als die Regel ist (vgl. Thiele 2003). Das mag damit zusammenhängen, daß hier Zuschreibungs-Theorien von Bedeutung die Regel sind, was wiederum eine Beachtung von Unterschieden im Gegenstandstypus unnötig erscheinen läßt. Schierz hat vor nun schon einiger Zeit, seinerseits wiederum an Eichberg vorbei, das Anliegen verfolgt, »die Bewegungswissenschaft in das Spektrum der Kulturwissenschaften einzuordnen« (Schierz 1995: 99), und konsequenterweise ethnographische Beschreibungen, etwa im Sinne von Geertz, gefordert. Thiele (2003: Anm. 16) konstatiert, daß dieser Aufruf kaum Resonanz erzeugt habe.

Zum zweiten geht es um eine solche Ethnographie, die ein *diakritisches* Verständnis von Zeichen zugrunde legt. Dafür prägt Geertz in seinen »Beiträge[n] zum Verstehen kultureller Systeme« im Anschluß

---

7   Alle vier Attribute sind hier als gleichbedeutend zu verstehen. Wiederum (s.o.: Anm. 1) ist hier, diesseits aller sonst wichtigen Unterschiede der zahllosen hermeneutischen ›Schulen‹, lediglich ein formales Minimum nötig, um eine Unterscheidbarkeit von nicht-hermeneutischen Beschreibungen zu sichern. Geertz (1983: 9) schlägt als Gegenbegriff »experimentell« vor (»Suche nach Gesetzen«, und nicht nach Bedeutungen), was uns nicht besonders glücklich zu sein scheint. Wir werden sagen: hermeneutische, und nicht »feststellende« Beschreibungen. – Um die hier notwendig formale Auskunft nicht in einen Formalismus kippen zu lassen: ein Vorbild dieses Hermeneutik-Verständnisses ist Plessners Text *Mit anderen Augen* (Plessner 1953; vgl. Kämpf 2003).

an Ryle den Terminus ›Dichte Beschreibung‹. Eine *Dichte Beschreibung* ist eine nach Bedeutungen suchende Beschreibung in *der* Weise, daß sie *an* einem Zeichen in einem Zeichensystem *dessen* Bedeutung sucht. Eine *Dichte Beschreibung* ist dadurch definiert, daß eine Synthesis-Konzeption von Zeichen ausdrücklich abgelehnt wird. Um zu verstehen, was *Dichte Beschreibung* meint, genügt ein einziges Beispiel, das Geertz von Ryle übernimmt:

»Stellen wir uns, sagt er, zwei Knaben vor, die blitzschnell das Lid des rechten Auges bewegen. Beim einen ist es ein ungewolltes Zucken, beim anderen ein heimliches Zeichen an den Freund. Als Bewegungen sind die beiden Bewegungen identisch; vom Standpunkt einer photographischen, ›phänomenologischen‹ Wahrnehmung, die nur sie sieht, ist nicht auszumachen, was Zucken und was Zwinkern war oder ob nicht beide gezuckt und gezwinkert haben. Obgleich man ihn nicht photographisch festhalten kann, besteht jedoch ein gewichtiger Unterschied zwischen Zucken und Zwinkern, wie ein jeder bestätigen wird, der ersteres fatalerweise für letzteres hielt.« Und weiter:»Es ist nicht etwa so, sagt Ryle, daß derjenige, der zwinkert, zwei Dinge tut – sein Augenlid bewegt und zwinkert –, während derjenige, der zuckt, nur sein Augenlid bewegt. Sobald es einen öffentlichen Code gibt, demzufolge das absichtliche Bewegen des Augenlids als geheimes Zeichen gilt, so *ist* das eben Zwinkern. Das ist alles, was es dazu zu sagen gibt: ein bißchen Verhalten, ein wenig Kultur und – voilà – eine Gebärde.« (Geertz 1983: 10f.)

Was immer die Methodologie der ›Dichten Beschreibung‹ *bei Geertz* sonst noch meinen mag, und was immer aus ihr in welchen Interpretationen in sonstigen Kontexten geworden sein mag: hier und in diesem Text verbinden wir *ausschließlich* die gerade gegebene Lesart mit diesem Konzept: ›Dichte Beschreibung‹ ist ein *Terminus*, und kein Wort unserer Alltagssprache, mit dem man alles Mögliche verbinden kann, was einem gerade so einfällt, und dieser Terminus ist definiert, eine *bestimmte* Lesart von körperlichen Bewegungen, z.B. des Zwinkerns, zu sein. Körperliche Bewegungen werden dort in der Weise gelesen, daß sie *Ein in sich doppeltes Phänomen* sind. *Das* sieht man dem Zwinkern nicht an, sondern *das* ist ein theoretischer Einsatz, der sich von dem theoretischen Einsatz einer Synthesis-Konzeption unterscheidet. Es ›ist‹ nicht so, daß man beim Zwinkern nicht zwei Dinge tut, sondern im Rahmen *Dichter Beschreibungen* gilt es so – anders als z.B. in Zuschreibungs-Theorien. Dort, wo bis dato von Zeichen*system* bzw. von *Kultur* die Rede war, spricht Geertz von einem »öffentlichen Code«. Das ändert nichts am zugrundeliegenden diakritischen Grundverständnis.

Auf den *Namen* ›Dichte Beschreibungen‹ werden wir im folgenden so weit wie möglich verzichten. Der *Name* leitet völlig fehl, denn er suggeriert ein Alltagsverständnis. *Dichte* Beschreibungen scheinen dann mit einer irgendwie höheren Weihe ausgestattet zu sein. Wer sie sich im Bewußtsein dieses (Alltags-)Verständnisses selber auf die Forschungsfahne schreibt, scheint auf der Sonnenseite höherer Genauigkeit oder höherer Sensibilität gegenüber kulturellen Phänomenen zu stehen. Andere ethnographischen oder alle nicht-ethnographischen Beschreibungen scheinen dann nicht so ganz dicht zu sein. All das hat mit der *terminologischen* Verwendung nichts zu tun. Eine biomechanische Beschreibung einer sportlichen Bewegung ist im hier zugrundegelegten *terminologischen* Verständnis eine ›dünne Beschreibung‹, was ganz offenkundig keine wertende, sondern eine unterscheidende Aussage ist.

Die Bedeutsamkeit des Grundansatzes

Was hängt nun aber davon ab, ob man ein diakritisches oder ein Zuschreibungs-Konzept von Zeichenbedeutungen verfolgt?[8] Ein Beispiel aus der Sportgeschichtsschreibung mag das verdeutlichen.

Der Fußball ist bekanntlich ein ausgesprochen moderner Sport. Nun hat es Ballspiele auch schon im Mittelalter gegeben. In welchem Verhältnis stehen beide Phänomene zueinander? Vorläufer? Bloße Vorläufer? Ganz unvergleichbar?

Zu bemerken und festzuhalten, daß es Ballspiele bereits im Mittelalter gegeben hat, hat als solches durchaus einen Wert. Man ist sonst etwas vorschnell dabei zu sagen, der moderne Sport sei im 19. Jahrhundert entstanden, üblicherweise in England verortet. Dann – also in einem solchen Klima, in dem der Satz, daß der moderne Sport im 19. Jahrhundert entstanden sei, allzu leicht über die Lippen geht – ans Mittelalter zu erinnern, ist vielleicht banal, aber gelegentlich doch einfach nötig: nämlich daran zu erinnern, daß Neues nicht vom Himmel fällt, sondern Vorläufer hat. Gelegentlich sind dünne Beschreibungen nötig, insofern sie überfliegende Aufgeregtheiten verhindern. In diesem Falle: Ballspiele gab es im 19. Jahrhundert, aber die gab es auch schon im Mittelalter. Auch eine dünne Beschreibung ist in manchen Konstellationen ein Erkenntnisgewinn.

---

8 Einen informativen und anregenden Überblick über den sogenannten *Cultural Turn* in der Sozialtheorie gibt Reckwitz (1999). Dort taucht diese Unterscheidung der Sache nach vielfach, aber nicht als strukturierendes Prinzip auf. Klar ist, daß sich ›kulturwissenschaftliche‹ Ansätze u.a. gegen intentionale Handlungstheorien richten, die Zwecke oder Normen oder allgemeiner: Sinn »als ›subjektiv gemeinter Sinn‹ (Weber) der Handelnden, mithin als singuläre Intention« verstehen (ebd.: 25). Aber wenn dort das Gegenkonzept ist, daß der Handelnde der Welt nunmehr »auf der Grundlage von Regeln« Bedeutungen »zuschreibt«, so bleibt offenkundig auch noch innerhalb des *cultural turn* Raum für die Differenzierung von ›Zuschreibungstheorien‹ (Strukturalismen) und diakritischen Ansätzen. Zur entscheidenden Rolle des Subjekts in den verschiedenen Ansätzen vgl. ebd.: 36f., 40-43.

Aber Beschreibungen der Zeichenkörper neigen denn doch dazu, arg auszudünnen: wird jene Beschreibung »Ballspiele hat es auch schon im Mittelalter gegeben« allzu dünn, dann wird daraus mir nichts, dir nichts eine anthropologische Konstante nach dem Motto: gespielt haben die Menschen schon immer und werden sie auch immer. Manchmal gar zu einem überanthropologischen, in der Natur verwurzelten Grundbedürfnis: viele Tiere spielen und der Mensch auch. Ach, wie schön! Eine bestimmte Sorte von Sportpädagogik ist voll von solchem Zeugs, und das segelt dann auch noch unter der Flagge *Anthropologie des Sports* und sorgt für den schlechten Leumund der Philosophie. Das Bemühen anthropologischer Konstanten gehört zu den traditionellen Argumenten, um 3 Std. Sportunterricht in der Schule abzusichern: was soll man noch dagegen sagen, wenn ›der‹ Mensch spielen muß. Dann kommt noch ein Schuß Schiller dazu: der Mensch ist nur dort eigentlich Mensch, wo er spielt, und fertig ist die Mogelpackung.[9]

Dagegen ist es dann ein ungeheurer Gewinn und geradezu wohltuend, wenn auch in die Sportgeschichtsschreibung de facto diakritische Konzepte Einzug halten. Um den Preis historischer Ungerechtigkeiten gegenüber nicht genannten Kolleginnen:[10] uns scheint, daß dieser Schritt vor allem und insbesondere mit dem Namen Henning Eichberg verbunden ist.[11]

Die Übereinstimmung mit Ryle an einem wichtigen Punkt ist sehr handgreiflich. So, wie jemand, der zwinkert, nach Ryle nicht zwei Dinge tut, so ist auch Eichberg der Überzeugung, daß jemand, der spielt oder Sport treibt, nicht zwei Dinge tut, nämlich nicht ein individuelles Ding und ein gesellschaftliches. Es sei gerade nicht so, daß man auf der einen Seite in individueller oder gemeinschaftlicher Manier seinen Körper in bestimmter Weise bewegt, und dann, hinzukommend, dies auf der anderen Seite unter herrschenden gesellschaftlichen Bedingun-

---

9 Das ist betont polemisch und überspitzt eine Tendenz, um sie deutlich hervorzuheben. Deshalb können und werden wir keine konkreten Textbeispiele nennen, weil es in jedem einzelnen Text in der Regel weitaus differenzierter zugeht. Die Polemik geht gegen die Tendenz, eine theoretische Aussage auf einen Merkvers herunterzuwirtschaften. Dagegen genügt ein Blick ins Original, um zu merken, wie sehr jenes Standard-Zitat aus dem Zusammenhang gerissen wird: vom *empirischen* Spielen ist bei Schiller mitnichten die Rede.

10 Grammatisches und soziales Geschlecht sind zweierlei Ding. Dennoch ist der Gebrauch des bestimmten grammatischen Geschlechts in patriarchalen gesellschaftlichen Strukturen nicht unschuldig. Wir gebrauchen daher das grammatische Geschlecht nach Lust und Laune – die jeweils anderen sind selbstverständlich immer mitgemeint, wie die Patriarchen so sagen.

11 Vgl. Eichbergs Selbstverortung in den damaligen Stand der Forschung (Eichberg 1978: 7-16).

gen tut oder damit eine bestimmte gesellschaftliche Funktion erfüllt oder was immer.»Sondern das gesellschaftlich Bezeichnende findet sich im Inneren der Bewegungskultur selbst: in Haltung (posa, posture) und Meßhaftigkeit, in Disziplinierung und Geometrisierung, in Takthalten und Symmetriestreben, im Zirkelhaften und Perspektivischen.« (Eichberg 1978: 8) Er hat diese Sicht der Dinge jüngst nachdrücklich unterstrichen; ganz offenbar ist es nach wie vor höchst aktuell und aussagekräftig, auf der Gesellschaftlich*keit* des Sports zu beharren – also gegen die implizite oder explizite Unterstellung anzuschreiben, der Sport verfüge über ein eigenes neutrales Wesen, was dann – selbstverständlich, aber logisch sekundär – gesellschaftlichen Bedingungen unterliegt (vgl. Eichberg 2001).

Was tut Eichberg nun? Zunächst verweigert er, sich überhaupt in die Dimension der sogenannten anthropologischen Konstanten hineinzubegeben. Er fängt erst gar nicht an bei der ausgemergelten Beschreibung»›Der‹ Mensch spielt«. Das hat etwas mit dem Fach Sport zu tun, denn diesem Fach muß es ja, wenn überhaupt um Spielen, dann um *sportliches* Spielen gehen. Und also setzt Eichberg bei einer bereits verdichteten Version jener Beschreibung an: sportliches Spielen sei ein Wettstreiten oder etwas-Leisten. Das war bereits bei den Griechen so, von deren Kultur zwar umstrittenermaßen, aber immerhin mit einigem Recht von einer agonalen Kultur gesprochen wurde. Und das scheint auch den modernen Sport nicht weniger auszumachen. Was also liegt näher als die Grundüberzeugung, sportliches Tun habe es als ein solches mit Wettstreit und Leistung zu tun. Aber auch diese Überzeugung weist Eichberg als eine ahistorische Beschreibung auf. Und zwar in zweierlei Hinsicht.

Zum einen wird durch seine kulturvergleichenden Studien deutlich, daß längst nicht alle Spiel- und Sportkulturen agonal strukturiert sind. Im indonesischen Spiel geht es»um die Herstellung eines Relationsmusters«, das sich ebenso im»Sozialverhalten der Gesellschaft von West Sumatra« wiederfindet.»In dieser Gesellschaft ist das Bestreben primär darauf gerichtet, Relationen zu Personen und Autoritäten herzustellen oder zu wahren, Kontakte anzubahnen und Anerkennung zu gewinnen.« (Eichberg 1978: 21f.)

Zum anderen ist selbst und gerade in der Geschichte abendländischer Kulturen Leisten noch lange nicht Leisten. Eichberg will zeigen, daß es historische Übergänge gibt, nach denen man feststellen muß, daß sich»das ganze Leistungsgefüge [geändert hatte]« (ebd. 28). Und eben das führt er dann akribisch vor. Seit und mit Eichberg kann die Sportwissenschaft nicht so tun als kenne sie diesen signifikanten Unterschied zwischen Gesellschaftlichkeit, Historizität, Kulturalität des

Sports einerseits und gesellschaftlicher, historischer, kultureller Bedingtheit des Sports andererseits nicht.

Krüger (2004) sieht die Sache anders. Er schließt aus der zutreffen-
den Diagnose, daß man als Sporthistoriker angeben muß, *was* dort historisch und kulturell kontextualisiert vorliegt, daß ›Sport‹ dann wohl
eine Universalie sein muß, also ein »grundlegendes, universelles We-
sensmerkmal des Menschen« (ebd.: 19) – in diesem Fall: daß Spiel und
Sport in einer minimalen universalen Bedeutung »überall in der Welt
und zu allen Zeiten anzutreffen seien« (ebd.: 18). Die Historizität dieses
›minimalen‹ Verständnisses von Sport kann dann nicht mehr erzählt
werden. Es ist exakt eine solche Inanspruchnahme von Universalien,
gegen die sich Eichberg wandte. Nun muß man Eichberg nicht folgen.
Aber es ist schlicht falsch, wenn Krüger (ebd.: 19) meint, eine solche
Universalgeschichte als Teil der ›Historischen Anthropologie‹ verkaufen zu können. Es *definiert* die Historische Anthropologie, sich gegen
solch ahistorische Universalien zu wenden. Wie gesagt: es mag sein,
daß Krüger in der Sache recht behält. Aber die Eingemeindung von
Plessner in sein Konzept ahistorischer Universalien ist sachlich falsch
und vergleichgültigt eine entscheidende Differenz.

Der Unterschied von Gesellschaftlichkeit und gesellschaftlicher Bedingtheit des Sports ist politisch brisant. Wer – hier nur als Beispiel –
angesichts der Spiele von 1936 von einem »Mißbrauch der Olympischen Idee« redet (oder aber wie Eisenberg [1999: 409-429] einen solchen »Mißbrauch« bestreitet), der redet eben nicht über die Gesellschaftlichkeit dieser Idee. Stattdessen kommt die gesellschaftliche Bedingtheit zu der als solchen ›neutralen‹ Idee hinzu. Analog zu Seelen-
wanderungslehren wandert *die* Olympische Idee durch verschiedene
gesellschaftliche Kontexte. Die Funktion dieser Sichtweise ist über-
deutlich: die sogenannte Idee der Olympischen Spiele bleibt in ihrer
Unschuld erhalten, die Spiele von 1936 geraten zum mehr oder weniger
bedauerlichen Unfall oder gar zum Hort des Widerstands, und die
gleichen Funktionäre können genau so weiter machen wie bis dato.[12]
Wer dagegen wie Alkemeyer (1996) davon ausgeht und plausibel
macht, daß die Olympische Idee nur in der Geschichte ihrer konkret-
historischen Manifestationen lebt, der kann von einem logisch nach-
träglichen Mißbrauch *der* Idee nicht reden.

---

12 Vgl. die geradezu bestürzende Rede von Brundage, in der dieser noch im
   Jahre 1959 die *Verhinderung* eines Boykotts der Spiele von 1936 als einen
   »große[n] Sieg für die Olympische Idee« (Brundage 1959: 173) feierte.
   Diem hatte nichts besseres zu tun als diese Rede als eine große Rede und
   »nicht zu entbehrenden Kommentar« zu charakterisieren, nur vergleichbar
   mit den Reden Coubertins (im gleichen Heft, S. 176f.).

Scheinbar unschuldiger sind solch ahistorisch-universalistische Ansätze in der Bewegungswissenschaft. Da sie dort aber sehr direkt mit
subjekttheoretischen Annahmen verbunden sind und entsprechend
lerntheoretische Konsequenzen haben, ist ihre politische Unschuld de
facto nur eine vermeintliche. Dort, wo die zentrale Fragestellung der
Bewegungswissenschaft die ist und bleibt, ob eine Bewegung in ihrem
physikalischen Verlauf (Raum, Zeit, Dynamik) stimmig ist, geht explizit oder implizit die Annahme ein, daß es immer die gleiche Bewegung
ist, die in unterschiedlichen Kontexten vorkommt. Z.B. wäre es das
gleiche Handheben, das sowohl zum Drohen als auch zum Winken
›eingesetzt‹ wird. Wenn man diesen Ansatz konsequent zu Ende denkt,
müßte man im Sportunterricht Beinstreckungen üben, weil die in jedem
sportlichen Bewegungsvollzug vorkommen. Und das ist keine Karri-
katur, denn alle Modellierungen, die eine Bewegung als einen Ge-
dächtnisbesitz oder eine Repräsentation betrachten, unterstellen Bewegungsvollzüge als Kombinatorik solcher ›Elementar‹bewegungen. Gedacht wird dort ein Programm, das – im Falle der *Generalized Motor
Programs* (vgl. Schmidt 1975) – Konstruktionsregeln für die Realisierung enthält. Diese wiederum werden durch Extrapolation früherer
ausgeführter Bewegungen gebildet; ›gespeichert‹ seien damalige Ergebnisse und Ausführungsparameter.

Besonders deutlich ist jener Ansatz in den Theorien zum Transfer,
der bis heute u.a. auf der Grundlage der Theorie identischer Elemente
nach Thorndike (1914) erklärt wird. Bewegungen seien sich ähnlich –
und dies beförderte einen positiven Transfer beim Erlernen –, wenn sie
möglichst viele identische Elemente enthalten. Im Gegensatz dazu gehen systemdynamische Sichtweisen davon aus, daß es keine zwei
identischen Bewegungen gibt, sondern jede ›Wiederholung‹ je eine Va-
riation ist, die etwas Neues enthält. Hier wird ein altes Leibniz-Prinzip
auf menschliche Bewegungen bezogen. Und das hat deutliche (lern-)
theoretische Konsequenzen. Abweichungen, die im klassischen Modell
als »Rauschen« bezeichnet werden, stellen hier ein Kennzeichen des
Systems dar, welches die Voraussetzung für die Selbstorganisation bildet. »Order is not ›in there‹, but is created in the process of the action«
(Thelen/Smith 1994: 63). Wenn etwa die Lehrmethodik im Rahmen des
differentiellen Lernens (Schöllhorn, Jaitner u.a.) mit Variationen arbeitet, ist das weder ein didaktischer Schmusekurs noch einfach Auswertung sog. praktischer Erfahrung, sondern ein grundsätzlich anderes
Verständnis menschlicher Bewegung.

Kontrastfolien – bei gleichem Anliegen

Was deutlich geworden sein sollte: Das Anliegen unserer Überlegungen ist ein metatheoretisches. Es geht darum, *wie* das Verhältnis von Bewegung und Bedeutung theoretisch gefaßt wird, d.h. *wie* dieses Verhältnis in theoretischen Konzepten implizit oder explizit unterstellt ist.

Das Thema ist in keinem Sinne, *ob* es einen engen, signifikanten und bedeutsamen Zusammenhang zwischen menschlicher, insbesondere sportlicher Bewegung und Bedeutung bzw. Kultur gibt. Uns ist keine Person und keine Theorie der Sportwissenschaft bekannt, die das ernsthaft bestreiten würde. Wer ernsthaft der Meinung ist, eine x-beliebige Bewegung eines Menschen könne als rein physische vollzogen werden und von allen kulturellen Bedingungen unbefleckt sein, dem werden unsere Ausführungen nichts sagen. Auch wir folgen jenem in der Regel in der Sportwissenschaft geteilten Selbstverständnis, daß es eine solche Unabhängigkeit von Bewegung und Kultur *nicht* gibt.[13]

Auf der Basis dieser Regel der Annahme einer *faktischen* Einheit von physis und Kultur menschlicher Bewegungen gibt es jedoch erhebliche Unterschiede darin, *wie* dieses Verhältnis theoretisch konzipiert wird. Hier sind Synthesis-Konzepte sehr verbreitet, die gerade nicht dem (hier verfolgten) Postulat einer *bedeutungslogischen* Einheit von Bewegung und Bedeutung folgen. Solche Konzepte sehen sich in der Lage, über die physis menschlicher Bewegungen ohne Bezugnahme auf deren Bedeutung und/oder über die Bedeutung einer menschlichen Bewegung ohne Bezugnahme auf deren physis zu reden.

Abgrenzungen[14] von Zuschreibungstheorien, die gerade nicht von einer bedeutungslogischen Einheit von Bewegung und Bedeutung ausgehen, sind – wie obige Beispiele zeigen – relativ leicht vollzogen. Deutlich schwieriger ist es, (Reste von) Synthesis-Konzeptionen innerhalb des gleichen Anliegens zu diagnostizieren.

---

13 Außerhalb der Sportwissenschaft wird diese dennoch nicht als Kulturwissenschaft wahrgenommen. In einem jüngst erschienen *Handbuch der Kulturwissenschaft* (Jaeger et al. 2004) taucht in drei dickleibigen Bänden die Sportwissenschaft nicht auf; einer der benannten »Brennpunkte« ist ›der Körper und die Gefühle‹, ein Kapitel zu ›Bewegung‹ gibt es nicht. Ähnlich ist der Befund bei einem Blick in Sammelbänden zum Thema; vgl. exemplarisch Kittsteiner 2004; Müller 2003. Vgl. dagegen Horak/Penz 2001.

14 Um es deutlich festzuhalten: Wir haben noch mit keinem einzigen Wort behauptet oder unterstellt, daß Zuschreibungstheorien falsch sind. Wir haben lediglich eine Unterscheidung vorgenommen und von Klugheit und unglücklichen Folgen (s.o.: Anm. 5) gesprochen. Eichberg, Alkemeyer, wir selbst und einige andere machen etwas *anders*. Wem das zu wenig ist, der soll Schul-Bildung betreiben.

Sehr weitgehende Einigkeit im *Anliegen* besteht mit Ommo Grupe. Auch Grupe wendet sich gegen Zuschreibungs-Theorien, wenn er darauf insistiert, daß sportliches Handeln »nicht allein aus individuellen Präferenzen« verständlich ist, sondern in einen sozialen und kulturellen Rahmen eingebunden ist, innerhalb dessen sich die Selbstbestimmung des individuellen Handelns vollzieht (Grupe 2001: 199f., vgl. 202). Zudem teilt Grupe nachdrücklich die Rede von »Ganzheitlichkeit«, die sich nach seinem Verständnis dagegen richtet, Körper und Geist als etwas »Getrenntes« anzusehen. Es gehe darum, solch dualistische Verständnisse aktiv zu überwinden, und nicht nur oft genug »deren Einheit« zu behaupten (ebd.: 200f.).

Das systematische Problem, das Grupe auf die Tagesordnung setzt, ist die Frage nach dem kritischen Maßstab. Wenn nunmehr im Rahmen der (gemeinsamen) Rede von Bewegungskultur alle menschlichen Bewegungen als ›bedeutend‹ gelten, so entbinde das nicht von der Frage, welche dieser Bewegungen und Bewegungsmuster in den Bereich *wertvoller*, zu pflegender Kulturgüter gehört, und welche nicht (ebd.: 214f.). Grupe unterscheidet daher zwischen der allgemeinen, rein deskriptiven Rede von »Bewegungs-« bzw. »Sportkultur« und einer normativen Rede von »Kultur des Sports«, um »den anzustrebenden ›besseren‹ Sport« zu bezeichnen, »der es verdient, besonders gepflegt zu werden« (ebd.: 214). Dem *Anliegen* nach geht es Grupe mit dieser Rede von »wertvollen Kulturgütern« allein um eine, paradox formuliert, nüchterne und rein deskriptive Unterscheidung von Wertasymmetrien. Er möchte in der Lage sein und bleiben, »Brutalitäten, Obszönitäten, Dümmlichkeiten und Banalitäten« (ebd.) von herausragenden Leistungen und moralisch guten Haltungen unterscheiden zu können. Auch Grupe hat akzeptiert, daß der Maßstab solcher Werthierarchisierungen »in unserer demokratisch-pluralen Welt« nicht einfürallemal in *der* menschlichen Moral festgelegt werden kann, »sondern in Diskussion und Diskurs Konsens gefunden werden muß« (ebd. 216). Ein Wertbegriff ›Kultur‹, der offen oder klamheimlich schon vorab und gleichsam definitorisch weiß, worin die ›wertvollen‹ Kulturgüter bestehen, ist heutzutage nicht länger verständlich, geschweige durchsetzbar: »Die Festlegung von Maßstäben für Pflege und Kultivierung ist heute nicht mehr aus einem höheren Begriff von Kultur abzuleiten.« (Ebd.: 215)

Woher also bezieht man die Maßstäbe der Kritik? In diakritischen Konzeptionen kann dazu nicht mehr auf eine vermeintlich »natürliche« Bewegung jenseits aller kulturellen Bestimmtheiten verwiesen werden, die diesen Kulturalitäten gegenüber ein Maß ihrer Entsprechungen bzw. Abweichungen abgeben könnte: »Eine nur ›natürliche‹ Bewegung gibt es nicht. Man kann sie zwar anstreben, aber auch dies folgt einem kulturellen ›Natürlichkeitsmuster‹.« (Ebd.: 207)

An diesem konzeptionellen Ort ist Grupe allerdings inkonsequent bzw. bleibt in traditionellem Sinne ›normativ‹. Zwar folgt er der viel-versprechenden Spur, daß Wertmaßstäbe je schon praktiziert sind, und also nicht ›normierend‹ festgelegt werden können bzw. müssen. Die Antwort auf die Fragen nach den Wertunterschieden menschlicher Be-wegungsvollzüge »muss heißen, dass bereits in solchen Fragen, wenn auch oft verborgen und undiskutiert, Wertvorstellungen enthalten sind« (ebd.: 215). Aber dann stellt sich ihm doch auch wieder »die Fra-ge nach dem eigentlichen Sinn von Sport und Bewegung« – so, als könne der Platz zwischen Narzismus und Disziplinierung, zwischen Körperverherrlichung und Körperbeschädigung (ebd.: 216) nun doch wieder vor allem Diskurs normierend ausgezeichnet werden. In der Rede vom »eigentlichen Sinn« reproduziert sich deutlich ein Residuum vermeintlich bloßer physis diesseits aller Kulturalitäten.

Grundgelegt ist diese Inkonsistenz bei Grupe darin, daß die Rede von »Ganzheitlichkeit«, die »möglichst ›integrativ‹ sein solle« (ebd.: 200), gerade kein konsequent diakritischer Ansatz ist. Wer Körper und Geist in einen Ansatz *integrieren* will, der hat sie eben vorher schon ge-trennt. Nach eigenem Verständnis seien diese Einheit- und Ganzheit-lichkeit von Körper und Geist »eher als Postulate anzusehen«, die »die Realität unseres Lebens nur zum Teil [treffen]« (ebd.: 204). In diesem Zugeständnis stecken zwei Voraussetzungen: Zum einen gilt die Rede von Ganzheitlichkeit als eine, die empirisch be- oder widerlegbar ist; zum anderen ist solche Ganzheitlichkeit eine optionale: unter be-stimmten Bedingungen liegt sie vor, unter anderen nicht. Es ist dort ge-rade nicht so, daß die postulierte Einheit von physis und Bedeutung menschlicher Bewegung ein praktiziertes *Verständnis* ist, vermittels dessen bestimmte empirische Gegebenheiten interpretiert werden, sondern umgekehrt kann Grupe auf empirische Gegebenheiten verwei-sen, um jenes Verständnis vermeintlich zu begründen. Für Grupe ist das in Beschreibungen je praktizierte Verhältnis von Körper und Geist gerade nicht eine Bedingung der Möglichkeit empirischer Sachverhalte, sondern selbst ein empirischer Sachverhalt. Bei diesem Verhältnis han-dele es sich »um einen potentiellen Dualismus, der von Fall zu Fall und in bestimmten Situationen aktuell wird oder werden kann« (ebd.: 205). In diesem Sinne fungiert die geforderte Ganzheitlichkeit als »Postulat«, d.h. hier: als anzustrebende, normierende Idee. Insofern das Verhältnis von Körper und Geist als ein empirischer Sachverhalt gilt, kann eine unterstellte Harmonievorstellung als kritischer Maßstab und »eigentli-cher Sinn« einspringen.

Demgegenüber ist unsere eigene Rede von einem *Postulat* einer be-deutungslogischen Einheit gerade nicht eine *Forderung*, die erfüllt sein kann oder auch nicht. Es ist ein theoretisches, und kein normatives Postulat, nämlich eine *bedingte Behauptung*: Falls man einem diakritischen Ansatz folgt, dann ist bei menschlichen Bewegungen eine bedeutungslogische Einheit von physis und Bedeutung unterstellt. Das macht es noch einmal schwieriger, einen kritischen Maßstab zu etablieren – falls es gelingen sollte, wird er jedoch ein konsequent nicht-normierender sein.

Den Ansatz, sportliche Bewegungen als Zeichen zu interpretieren, haben selbstredend nicht wir erfunden. Es ist ein in der Sportwissenschaft bereits eingeführtes Konzept (vgl. Alkemeyer 1997: 366; Scherer/Bietz 2000; Scherler 1990) – prominent und eindringlich etwa von einer Arbeitsgruppe um Eberhard Hildenbrandt.[15]

Das systematische Problem, das Hildenbrandt auf die Tagesordnung setzt, ist die Frage nach dem Sprachcharakter von Bewegungskulturen. Menschliche, insbesondere sportliche Bewegungen als Zeichen zu verstehen, ist das eine; das ganz andere ist das Problem der ›Flüchtigkeit‹ dieser Zeichen(sorte). Ein sportliches Zeichen sei »primär autoreflexiv«, d.h. es »[meint] nur sich selbst und [steht] nicht für etwas anderes« (Hildenbrandt 1997a: 21). Darin sind sportliche Bewegungen der Musik vergleichbar. Zunächst sind sportliche Bewegungen nur kinästhetisch wahrnehmbar, wenn man sie selbst vollzieht, oder visuell wahrnehmbar, wenn man als Zuschauer direkt anwesend ist (ebd.: 22, 23). Dieses Aufgehen der Zeichen in der Gegenwart ihres Vollzugs unterscheidet Musik und Sport grundsätzlich von der Sprache der Worte. Aus diesem Grund spricht Hildenbrandt den Bewegungskulturen bis auf wenige Ausnahmen (Tanz, Ballett) ihren Sprachcharakter ab (ebd.: 21; vgl. Hildenbrandt 2001: 46).

Solch primäre Flüchtigkeit ändere sich erst auf einer zweiten Stufe der Zeichenbildung durch Entwicklungen, die die »Bewegungskonservierung« und damit die »Reproduzierbarkeit« durch Techniken wie Foto, Film, Zeitlupe etc. ermöglichen. Der dadurch ermöglichte Schritt zur medialen Präsentation des Sports sei vergleichbar »mit der Umbruchsituation beim Aufkommen der Schrift und des Schriftdrucks in einer bis dahin oralen Kultur« (Hildenbrandt 1997a: 22).

Darin liegt die besondere methodische Schwierigkeit, daß solch »sekundäre Semiotisierung« (ebd.) die Bedeutung grundsätzlich ändert (ebd.: 23) und insofern bereichert, zugleich aber die primäre Bedeutungshaftigkeit nicht ohne Rest in sich aufnimmt. Sekundäre Zeichenmanifestationen sind gleichsam ärmer als ›gelebte‹ Zeichen, was in jedem Unterschied von Drehbuch und Aufführung, von Partitur und ge-

---

15 Vgl. die Dokumentationen der entsprechenden Tagungen: Friedrich et al. 1994; Hildenbrandt 1997; Schwier 1998; Friedrich 2001.

spieltem Musikstück, von Lexikon/Grammatik und gesprochener Sprache sinnfällig ist. In der sekundären Semiotisierung treten der semantische Gehalt und der Topos der Zeichenbedeutung gleichsam auseinander, was gelegentlich zur Illusion verführt, man könne eine ›Sprache‹ bereits sprechen, wenn man nur ordentlich deren ›Vokabeln‹ beherrscht.

Der Unterschied zwischen einer Synthesis-Konzeption und einem diakritischen Ansatz ist gelegentlich nur gegen das erklärte Selbstverständnis der Autoren zu diagnostizieren. Ein Beispiel dafür ist die Konzeption des Bewegungsdialogs (Gordijn, Tamboer, Trebels). Dort wird erklärtermaßen von einer »primordialen Einheit von Mensch und Welt« ausgegangen; gleichwohl liegt diese »Einheit« nicht zugrunde, sondern ergibt sich erst, insofern ein Subjekt auf ein Etwas seiner Außenwelt antwortend reagiert (Trebels 1995, 117). Metaphern sind nicht unschuldig. Abgesehen davon, daß dort der Welt zugemutet wird, mit uns zu reden, ist ein »Dialog« ein Hin- und Her-Reden. Redende, die in einen Dialog eintreten, sind diese Redenden schon und bereits vor und unabhängig von ihren Reden und Antworten, d.h. ein Dialog ist gerade nicht konstitutiv für die Redenden.

Nun ist es gerade das, was das Konzept des Bewegungsdialogs unterlaufen will, und wogegen die Rede von einer »primordialen Einheit« steht. Das erklärte Anliegen liegt darin, erweisen zu wollen, daß »Sinn und Bedeutung immer nur in der Relationalität des Mensch-Welt-Bezugs [entstehen]« (Scherer/Bietz 2000: 131), und das richtet sich sowohl gegen Zuschreibungs-Theorien von Bedeutungen als auch gegen objektivistische Bedeutungskonzepte (ebd.). Und in der Tat ist der Unterschied zu einem diakritischen Ansatz unscheinbar.

Im Konzept des Bewegungsdialogs ist und bleibt es so, daß Bedeutungen in der Relationalität *entstehen*, sie sind erklärtermaßen das »*Ergebnis* eines Dialogs zwischen Ding und Person« (ebd., Hervorhebg. d. Verf.). Um dort über ›Bedeutung‹ reden zu können, sind zwingend drei Momente nötig: Ding, Person und deren Relation (Dialog). In diesem Sinne gibt es keine Bedeutung unabhängig von der Relation. Aber insofern die Bedeutung ein *Ergebnis* ist, unternehmen es die Dialogpartner, Bedeutung zu machen – womit sie logisch der Bedeutung vorgeordnet sind. Im Konzept des Dialogs sind Bedeutung und die die Relation ausmachende Bewegung zwei verschiedene Dinge (die freilich notwendig zusammen gehören); erklärtermaßen ist die Rede von einer »Bedeutung, welche die Bewegungsaktion leitet« (Trebels, zit. n. ebd.: 130). In diakritischen Ansätzen dagegen fällt Bedeutungshaftigkeit und Relationalität in bestimmter Hinsicht zusammen; Bewegung *ist* die bedeutende Relation Mensch-Welt.

In diesem Sinne gründet das Konzept des Bewegungsdialogs in vertragstheoretischen Grundannahmen. In-Relation-sein ist dort kein Grundsachverhalt, sondern atomistisch gedachte Individuen sind aus angebbaren Gründen (z.B.: um sich zu verständigen) darauf angewiesen, in Beziehungen einzutreten. Sie haben Beziehungen *nötig*, aber Relationen sind dort gerade nicht notwendig im Sinne des nicht-nicht-bestehen-Könnens. In diakritischen Ansätzen dagegen sind die Individuen nicht Beziehungs-Unternehmer, sondern sie sind-in-Beziehung. Insofern nun Bewegungen solche Relationalität realisiert, liegt die konzeptionelle Differenz zwischen Synthesis-Konzeptionen menschlicher Bewegung und diakritischen Ansätzen darin, ob Bewegtheit (in Synthesis-Konzepten) als zu Erklärendes oder aber als Grundsachverhalt aufgefaßt wird (vgl. Fikus 2001: 98; Schürmann 2001a: 268ff.). Das Konzept des Bewegungsdialogs ist an diesem systematischen Ort ein Synthesis-Konzept: in einen Dialog tritt man aus angebbaren Gründen ein.

Man kann diesen Unterschied auch so ausdrücken, daß (nur) diakritisch konzipierte Individua eine Umwelt (im Sinne Uexkülls) haben. Dann und nur dann, wenn man deren Beziehungen konstitutiv sein läßt, haben sie – das ist *jetzt* beinahe tautologisch – nur zu solchen Dingen Beziehungen, mit denen *sie* je schon in-Beziehung-sind. *Dann* trifft zu, daß Ameisen nur Ameisen-Dinge kennen. In Synthesis-Konzepten dagegen ist zunächst einmal Alles Umwelt – und der phänomenal bestehende Sachverhalt *bestimmter* Umwelten muß dann, in einem logisch zweiten Schritt, erklärt werden. Er kann dort erklärt werden z.B. durch Bezugnahme auf einen Instinkt, oder auf das Vermögen zu lernen bzw. Erfahrungen machen zu können oder auch durch das Vermögen, Bedeutungen schaffen und zuschreiben zu können. Dort ist zwar vom gleichen Phänomen – *bestimmte* Umwelten – die Rede, aber *nicht* von Uexküll-Umwelten bzw. Gestaltkreisen, sondern von empirisch zu erklärenden Einschränkungen von Welt. Demgegenüber ist die Bestimmtheit der jeweiligen Umwelt in diakritischen Ansätzen kein empirisch beschreibbarer Sachverhalt, sondern eine Bedingung der Möglichkeit, Dinge *in* solcherart Umwelten empirisch beschreiben zu können. Die hier unterstellte Resonanz zu *bestimmten* Dingen der Welt ist keine Aussage zu faktisch vorkommenden oder nicht vorkommenden Beziehungen, sondern eine Aussage zu dem, was ›Umwelt‹ bedeutet. Oder auch: Uexküll-Umwelten sind tatsächlich im strengen Sinne Welten, d.h. *Zusammenhänge* von Dingen, kleine Kosmen – und nicht lediglich (mengentheoretische) Ansammlungen von Dingen. In dieser Entgegensetzung betrachtet, kennt das Konzept des Bewegungsdialogs keine Uexküll-Umwelten, sondern nur im Ergebnis des Dialogs (gemeinsam) eingeschränkte Umwelten. Der springende Punkt ist ein anderes Freiheits-Verständnis: Umwelten sind faktische Einschränkungen von im Prinzip *grenzenloser Freiheit*; Uexküll-Umwelten eröffnen diese oder jene bestimmte Möglichkeit. In Uexküll-Umwelten ist Freiheit ›etwas Eingespieltes auch anders-machen-können‹, und nicht beschränkte Willkür.

In der unterscheidenden Abgrenzung von Synthesis-Konzepten, insbesondere gegen das Konzept des Bewegungsdialogs, besteht eine grundsätzliche Übereinstimmung mit Alkemeyer (2004: 48f.). Es gehe darum, Akteur und Welt in den konzeptionellen Grundannahmen so zu denken, daß sie »nicht bereits *vor* und *unabhängig von* ihrem Austausch als voneinander abgegrenzte Entitäten existieren, sondern sich gegenseitig erst in dessen Verlauf hervorbringen« (ebd.: 49).

Das systematische Problem, das Alkemeyer auf die Tagesordnung setzt, ist die Frage des Gewordenseins des Mensch-Welt-Verhältnisses. Wenn es, wie im Konzept des Bewegungsdialogs, optional für den Menschen ist, eine Beziehung zur Welt aufzunehmen, dann muß der Mensch bereits mit einer ›Grundausstattung‹ versehen sein, die a) erklärbar macht, daß er sein Vermögen zum Dialog überhaupt verwirklicht, und die b) erklärbar macht, daß er die Welt und die Welt ihn ›versteht‹. Doch könne »eine ›leibliche Intentionalität‹ nicht einfach vorausgesetzt werden« (ebd.: 56). Zu erläutern sei vielmehr, daß »der Körper erst im Prozeß seiner Vergesellschaftung zu einem ›spontanen Strategen‹ wird«, und genauso, daß »sich auch ein (intendierendes) ›Ich‹ erst in diesem Vorgang [konstituiert]« (ebd.: 57). Es müsse berücksichtigt werden, »dass allein der *sozialisierte* Körper eine Fähigkeit zum Antwortenkönnen hat, weil nur diesen Züge der Realität als Zeichen berühren können« (ebd.).

Das Anliegen ist unstrittig, die theoretischen Mittel der Umsetzung sind es nicht. Die Rede von »sozialisiert« läßt zwei Lesarten zu. Entweder muß dort stehen: »allein der je schon als sozial vorausgesetzte Körper hat jene Fähigkeit«. Dann aber reproduziert sich das Problem: warum darf eine ›leibliche Intentionalität‹ nicht vorausgesetzt werden, ein je schon sozialer Körper aber schon? Daher muß die zweite Lesart gemeint sein: ein *Werden* der Sozialisierung des Körpers. Aber das heißt dann: unterstellt ist ein noch nicht sozialisierter Körper – ein rein natürlicher Körper, der in sozialen Belangen gleichsam als tabula rasa gedacht ist –, der dann in eine Geschichte seiner Sozialisierung eintritt. Dafür mag es gute Gründe geben oder auch nicht – so oder so reproduziert sich auch dann das Problem, auf das dieser Schachzug eine Antwort sein wollte: Die eigene Theorie ist nicht voraussetzungslos, wenn man einen Körper denkt, der erst ein sozialer *wird*. Warum darf eine ›leibliche Intentionalität‹ nicht vorausgesetzt werden, ein rein natürlicher Körper aber schon?

Die Grundunterstellung der Historischen Anthropologie,[16] die Alkemeyer hier mitmacht, liegt darin, daß eine Entscheidung für oder gegen eine vertragstheoretische Grundannahme (bzw. für oder gegen ein sich-in-der-Welt-Bewegen) eine *empirische* Frage ist. Unterstellt ist, man könne durch genaue (sozial)wissenschaftliche Analyse »plausibel machen« (ebd.: 49), daß menschliche Akteure nicht Bewegungs-Unternehmer sind, sondern je schon in-Bewegung. In hier durchaus geteilter Kritik an ahistorischen Wesensannahmen wird das Kind mit dem Bade ausgeschüttet. Jegliche Bedingungen der Möglichkeit empirischer Analysen werden de facto geleugnet insofern sie als ohne Rest in ihrer Historie aufgehend unterstellt werden.[17]

Daß es »de facto« geleugnet wird, meint hier folgendes: Die Kritik von Alkemeyer am Konzept des Bewegungsdialogs richtet sich dagegen, daß dort etwas »einfach vorausgesetzt« wird. Der Vorwurf ist nicht, daß Trebels nicht die Kontingenz dieser Voraussetzung aufweist. *Dann* aber ist der Aufweis der eingeklagten Gewordenheit jener Voraussetzung *zugleich* ein Argument gegen die Vorausgesetztheit. Und insofern wird »de facto« geleugnet, daß solcher Aufweis der Gewordenheit seinerseits notwendig eine Voraussetzung macht.

Demgegenüber gehen wir davon aus, daß man gewisse Bedingungen der Möglichkeit empirischer Analysen nicht nicht in Anspruch nehmen kann. Es ist kontingent, welche theoretischen Annahmen grundgelegt werden, aber es ist notwendig, daß immer irgend-welche Annahmen grundgelegt werden. Einen diakritischen Ansatz zu wählen, ist selbst eine solche *bedingte Notwendigkeit.* Man muß einem solchen Ansatz nicht folgen, aber falls man ihn verfolgt, dann ist das sich-in-der-Welt-Bewegen des Menschen als Grundsachverhalt in Anspruch genommen. Erklärungsbedarf besteht *dann* hinsichtlich von Invarianzen, von Gleichgewichts- oder Ruhezuständen.

Sich anders als die Historische Anthropologie für ein Konzept *kontingenter Transzendentalien* zu entscheiden, ist ein Unterschied, der über lange Theoriestrecken keinen Unterschied macht. Beispielsweise gelingt die diffizile gemeinsame unterscheidende Abgrenzung vom Konzept des Bewegungsdialogs, auch ohne diesen Unterschied überhaupt

---

16 Damit ist jener Ansatz von Anthropologie gemeint, der wesentlich an die Namen Gebauer, Kamper und Wulf gebunden ist, und wie er etwa in Wulf (1997) dokumentiert ist.

17 Aufgeboten wird der *Soziologe* Bourdieu, der den Transzendentalphilosophen Bourdieu in sich leugnet. Das ist ein gut begründeter Einsatz gegen bestimmte Tendenzen von Merleau-Ponty; aber allein der Transzendentalphilosoph Bourdieu vermag die Theorie des Habitus systematisch von einer Sozialisationstheorie zu unterscheiden, was wiederum erklärtes Anliegen ist. Vgl. ausführlicher Schürmann 2002: 178-185.

zu thematisieren. Dennoch ist es ein Unterschied. Es ist ein Unterschied, ob man meint, daß die Bewegungsdialogiker nicht genau genug empirisch analysieren, oder ob man einen gleichsam anderen theoretischen Wetteinsatz diagnostiziert. Ob es ein bloß theoretischer Unterschied ist, oder aber ein solcher, der auch Unterschiede macht, mögen wir nicht beurteilen.

Ein diakritischer Ansatz ist ein Gegenentwurf zu einem Synthesis-Konzept von Bewegung und Bedeutung. Das ist nicht in und mit allen theoretischen Traditionslinien zu haben. Luhmann ist nun einmal Hegelianer – wäre er Kantianer, wäre seine Systemtheorie nicht die, die sie nun einmal ist. Daß auch Hegel nicht ohne Kant zu haben ist, ist klar, eignet sich aber nicht für falsche Harmonisierungen.

Nun geht es selbstredend nicht darum, die ›richtigen‹ Säulenheiligen gegen weniger richtige auszuspielen, sondern es geht um theoretische Grundentscheidungen, die mit Traditionslinien verknüpft sind. In den bis dato innerhalb der Sportwissenschaft diskutierten zeichentheoretischen Ansätzen spielt die *Philosophie der symbolischen Formen* Ernst Cassirers eine überragende Rolle. Daran gibt es gar nichts zu kritisieren, denn das hat sich als äußerst fruchtbar erwiesen. Festzuhalten aber bleibt, daß mit Cassirer kein konsequent *diakritischer* Ansatz zu haben ist. Trotz aller Anleihen bei Leibniz, Herder, der Gestaltpsychologie etc. bleibt Cassirer dem Kantischen Grundproblem verhaftet, wie die als solche formlosen Humeschen *impressions* zu einer Erkenntnis geformt werden können. Cassirers Philosophie dürfte eine derjenigen sein, die den Kantschen Grundansatz bis in dessen äußerste Konsequenz fortentwickelt haben – aber sie bricht nicht mit dem Grundansatz, Erkenntnis als Synthesis »zweier Stämme« (Kant KrV: B 29) zu konzipieren (vgl. Schürmann 1994, 1996). Auch das ist keine Kritik, sondern eine Unterscheidung.

In der für die Kulturanthropologie und Semiotik entscheidenden Hinsicht ist das von Cassirer zugrunde gelegte *animal symbolicum* ein Formungs- und Bedeutungs-Unternehmer. Es ist ausgestattet mit dem *Vermögen* zur Symbolisierung, was eben eines zusätzlichen Prinzips bedarf, um seine Verwirklichung zu erklären. Das *animal symbolicum* ist nicht Symbolisierer, sondern hat es nötig, Symbolisierungen zu unternehmen, um sich die Welt zu erschließen. Wenn Köller (2001: 21) von einem »Hunger nach Bewegung« und entsprechend von einem »Hunger nach Weltkontakt und Weltwissen« spricht, dann geht er eben *nicht* von Bewegtheit und Weltkontakt als Grundsachverhalt aus. Nach dem gemeinsam geteilten Ausgangspunkt (ebd.: 11-13) erweist sich Cassirersches Gedankengut als Weichenstellung.

Dieses Cassirersche Erbgut transportiert auch der andere überaus prominente theoretische Ansatz dieser Debatten, nämlich die Habitus-Theorie Bourdieus. Dieser in vielen Kontexten kaum mehr verzichtbare Ansatz (vgl. exemplarisch Alkemeyer 2001; Bröskamp 1994; Gebauer 1997; Müller 2001) ist historisch und sachlich nicht ohne Bourdieus *Soziologie der symbolischen Formen* zu haben. Bourdieu meint dort, Cassirers Symbolisierung als ein geistiges Prinzip verstehen zu sollen, was es zu materialisieren gelte. Folgerichtig geht es dann um eine Theorie körperlicher Symbolisierung, die aller ›geistigen‹ Symbolisierung bereits zugrunde läge. So wichtig dieser Schritt ist, so offenkundig ist auch, daß dies allein noch nichts daran ändert, Symbolisierung als Synthesis zu denken. So zentral und unverzichtbar es ist, Bewegungen des Körpers nicht als »strukturlose Mittler« zu denken (Alkemeyer 2004: 57, vgl.: 49), so zwingend liegt die Weiche für einen diakritischen Ansatz noch davor, nämlich darin, die Bewegungen des Körpers erst gar nicht als Mittel zu denken, einen Kontakt zur Welt allererst aufzunehmen.

Aus gleichen systematischen Gründen ist ein diakritischer Ansatz nicht mit einer Handlungstheorie vereinbar. Wie man bei Gehlen, dem Stiftungsvater der Handlungstheorien, lernen kann, ist dort das Mängelwesen Mensch darauf angewiesen, Handlungen zu *unternehmen*, um fehlende Instinktgesichertheit durch Kulturgebilde auszugleichen. Bemerkenswerterweise hat Gebauer (2004) jüngst den Ansatz der Historischen Anthropologie in dieser Gehlenschen Konzeption fundiert. So konsequent das ist, so bleibt auch hier festzuhalten, daß dies keineswegs, wie der Untertitel fälschlich sagt, die Perspektive ›der‹ historischen Anthropologie, sondern eben die besondere Perspektive der Historischen Anthropologie ist. Die Perspektive beispielsweise der Plessnerschen, nun keineswegs ahistorischen Anthropologie ist eine durchaus andere.

Und so argumentieren wir denn in anderen theoretischen Traditionslinien:

- in der Theorie menschlichen Tuns: Tätigkeitstheorie in der Tradition der Kulturhistorischen Schule der sowjetischen Psychologie statt (Gehlenscher) Handlungstheorie (vgl. Schürmann 2001a: 271-275);
- in der Anthropologie: Herder und Plessner statt Gehlen (vgl. Schürmann 2000);
- in der Wissens- und Ausdruckstheorie: Plessner, Georg Misch und Josef König statt Cassirer (vgl. Schürmann 2001b), und Gibson statt Fechner (vgl. Fikus 1989, 2001);
- in der Bewegungswissenschaft: systemdynamische Ansätze statt Informationsverarbeitungstheorien (vgl. Fikus/Müller 1998);
- oder einfach und zusammenfassend: Hegel statt Kant.

Zwischenergebnis

Ein diakritisches Konzept des Verhältnisses von menschlichen körperlichen Bewegungen und Bedeutungen behauptet damit zweierlei. Zum einen, *daß* diese Bewegungen ›bedeutend‹ sind bzw. kulturell bedingt sind. Eine solche Betonung einer ›untrennbaren Einheit von menschlichen Bewegungen und Kultur‹ hält das gemeinsam geteilte Selbstverständnis der Sportwissenschaft fest. Daß der brasilianische Fußball ein anderer sei als der deutsche, ist sprichwörtlich; daß Fahrradfahren in Holland ein anderes Phänomen ist als im Ruhrgebiet oder in China, dürfte offenkundig sein – solch kulturelle Bedingtheit ist innerhalb der Sportwissenschaft als Phänomen unstrittig.

Die zweite Behauptung, die ein diakritisches von einem Synthesis-Konzept unterscheidet, ist eine zum *Wie* des Verhältnisses von Bewegung und Bedeutung. Menschliche Bewegungen unterscheiden sich hier im Gegenstandstypus von nicht-menschlichen Bewegungen; sie sind unterstellt als Ein Doppeltes, *an* dem die beiden Momente des Physischen und des Bedeutungshaften unterscheidbar sind. Ein solcher Ansatz ist innerhalb der Sportwissenschaft strittig – ja er geht sogar gegen die erste Intuition.

Auf den ersten Blick scheint es nämlich sonnenklar zu sein, daß Fahrradfahren in Holland, in China, im Ruhrgebiet und überall sonst auf der Welt etwas überkulturell Gemeinsames hat: hier wie dort muß man doch wohl zweifelsfrei in die Pedale treten und trampeln!? Was also liegt näher, als die kulturellen Unterschiede als kulturelle Überformungen eines gegenüber allen kulturellen Unterschieden resistenten rein physischen Bewegungsvollzugs zu interpretieren – sprich: ein Synthesis-Konzept zu unterlegen. Radfahren in Holland ist *dann* ›physischer Bewegungsvollzug plus holländische Kultur‹. Ein diakritischer Ansatz bestreitet auf den Spuren von Mauss (1935) die fraglose Gewißheit dieses Ansatzes und verfolgt die direkt gegenteilige Annahme: daß es gar keine rein physischen (keine »natürlichen«) menschlichen Bewegungen gibt. Die Trampelbewegung beim Radfahren will dann nicht als kulturelle *Bedingtheit*, als kulturelle Überformung beschrieben sein, sondern als in ihrem Inneren selbst offen für kulturelle Unterschiede. Der Genitiv ist *dann* bedeutsam: die Trampelbewegung *holländischen Radfahrens* ist logisch etwas anderes als die Trampelbewegung *chinesischen Radfahrens*. Fraglich ist, ob sich dieser logische Unterschied auch am Phänomen zeigt. Ein logischer Unterschied ist nicht empirisierbar; gleichwohl dürfte er sich am Phänomen *zeigen*, und minimal darf er dem Phänomen nicht widersprechen (vgl. Plessner 1928, 4. Kap.: insb. 128, 137).

Die Metapher der Formatierung

Um diesen Zweischritt auszudrücken, wollen wir sagen, daß menschliche körperliche Bewegungen *kulturell formatiert* sind. Das ist nunmehr mehr als bloß zu sagen, sie seien kulturell bedingt.

›Formatierung‹ ist eine Metapher, und zwar, wie heutzutage üblich, aus dem Computer-Bereich. Wer mit dem Computer arbeitet, weiß was gemeint ist: man formatiert Text, z.B. kursiv oder fett, gelegentlich arbeitet man gar mit Formatvorlagen, um diese Formatierungsarbeit zu automatisieren. Oder, auf anderer Ebene: ein Datenträger ist z.B. in DOS oder Mac formatiert. Der Sachverhalt, den diese Metapher ausdrückt, ist klar:

- Man kann keine auf einem PC geschriebene Datei auf einer Diskette speichern, die Mac-formatiert ist;
- man kann keine doc-Datei mit einem Apple lesen; jedenfalls nicht einfach so;
- man kann Übersetzungen vornehmen durch Schaffung eines gemeinsamen Formats – Speicherungen in rtf verstehen viele Nicht-PCs; ggf. bei Verlust sehr spezifischer Formatierungen: *rich*-text-Format ist eine graduelle Angabe;
- man kann nicht völlig unformatiert schreiben, um dann, in einem zweiten Schritt zu entscheiden, wie man heute gerne mal formatieren möchte; man schreibt immer schon auf *irgend*wie formatierten Datenträgern; oder: man schreibt gewöhnlich mit der Standardformatvorlage, und alle *aktiven* Formatierungen, die man selber eigens vornimmt, sind immer schon *Um*formatierungen: von Dos zu Mac, von doc zu rtf, von nicht-fett zu fett etc.

Diese Aspekte mögen bei der metaphorischen Rede erhalten bleiben, und in diesem Sinne gebrauchen wir die Metapher in einer festgelegten Bedeutung, mithin *terminologisch.*

Die Metapher der Formatierung ist, ohne daß das ihrem strengen Gebrauch zuwiderläuft, nicht exklusiv. Wir hätten auch die mathematische Metapher des Koordinatenkreuzes gebrauchen können; in der Kulturwissenschaft und Soziologie ist häufig von Rahmung oder Codierung die Rede; ein sehr guter Konkurrent ist die Metapher des blinden Flecks. Ein besonders schönes Bild ist die Redeweise, Bewegungsweisen seien kulturell »infiziert«.

Die Schwäche der Metapher liegt darin, daß sie einen logischen Zweischritt suggeriert: erst formatieren, dann schreiben oder speichern. In der Praxis des Speicherns von Dateien ist das mehr als deutlich: Man kauft bereits formatierte Disketten (oder formatiert selbst), um dann darauf zu speichern. Bei der Metapher der Rahmung ist dieser Aspekt noch aufdringlicher: da wird suggeriert, als sei der Rahmen das eine, und das Bild darin das andere. Der terminologische Gebrauch der Metapher will und meint einen solch logischen Zweischritt gerade *nicht*: *jede* Formatierung ist Umformatierung einer je zugrundeliegenden Formatiertheit.

Die Stärke der Metapher liegt darin, daß sie zu einer sehr präzisen Indizierung zwingt: Formatiertheit ist immer Formatiertheit auf einer je bestimmten Stufe. Die Rede von Formatierung *allein* ist schlicht falsch oder besser gesagt: eine bloß laxe, schmückende Redeweise. Nur durch solche Indizierung wahrt die Rede von kultureller Formatiertheit ihre prinzipielle Unterschiedenheit von der nivellierenden Rede der kulturellen Bedingtheit. Die Rede von Formatierung ist sozusagen ihrerseits formatiert, und zwar dadurch, daß Formatierung immer schon die Formatierung in einer bestimmten Dimension ist; z.b.

- Formatierung durch das Betriebssystem: Dos, Windows, Mac, Unix; oder
- Schriftformatierung: kursiv, fett, standard; oder
- Formatierung durch Datenformate: doc, ppt, xls, bnk, htm, jpg

Bewegungswissenschaftliche Version

Kulturelle Formatierung bedeutet dann also beispielsweise: Wenn ich im Ruhrgebiet das Fahrradfahren kennengelernt habe und/oder selber gelernt habe, und dann mit diesem Wissen und Können nach Holland fahre; und wenn ich dann dort sehe, daß und wie auch die Holländer Fahrrad fahren, dann habe ich eine in Dot.Ruhrgebiet formatierte Datei stillschweigend in einem rtf-Format gespeichert und sie in Holland wieder entschlüsselt. Der Normalfall dürfte sein, daß wir zwar ein wenig stutzen, was die dort für komisch-eigentümliche Fahrräder haben, aber ansonsten von diesen Umformatierungen gar nichts merken. Gleichwohl handelt es sich um Ver- und Entschlüsselungen, wie kontrastierende (und in der Ethnologie virulente) Vergleichsfälle deutlich machen: Wäre ich zum ersten Mal auf eine Liegerad-Kultur gestoßen, hätte ich es möglicherweise gar nicht *als Fahrradfahren* entschlüsselt, sondern mich nur gewundert, ›was die denn da treiben‹. Und – Kontrast in die andere Richtung –: es ist alles andere als klar, ob man das Einradfahren auf unseren Straßen *als Fahrradfahren* ansprechen sollte, oder ob das nicht ein problematischer Ethnozentrismus alteuropäischer Fahrradfahrer wäre. Solch stillschweigenden und beinahe unmerklichen Umformatierungen werden typischerweise erst dann spürbar, wenn man sich dort am Verkehr beteiligt und/oder irgendetwas kurios ist oder gar schief geht. Nur ein Beispiel: In Deutschland ist man es gewohnt, von beinahe allen Autofahrern nachdrücklich und empört angehupt zu werden, wenn man zu zweit nebeneinander fährt. In Holland ist es dann völlig merk-würdig, daß dort überhaupt nur große

Pulks von Fahrrädern auf der Straße zu sehen sind, und daß trotzdem niemand hupt und daß es trotzdem funktioniert. Es scheint dort eine grundsätzlich andere Idee von Ordnung und von ordentlichem Fahrradfahren zu geben als bei uns. Und plötzlich sind die komischen Fahrräder dort gar nicht mehr komisch, sondern man versteht, daß und warum es so ist.

Wenn man dieses sehr einfache Beispiel unterschiedlichen Fahrradfahrens als Prototyp nimmt und terminologisch verallgemeinert, dann kann man jeweils die kulturell codierte, von uns jetzt so genannte, *körperliche Praktik* von der, jetzt so genannten, *Körpertechnik* unterscheiden. Das Fahrradfahren als körperliche Praktik ist dann einer hermeneutischen bzw. ethnographischen bzw. dichten Beschreibung zugänglich, während das Fahrradfahren als Körpertechnik einer »feststellenden Beschreibung« (s.o.: Anm. 7) zugänglich ist. Insofern es sich dabei um die Beschreibung einer Körpertechnik *dieser körperlichen Praktik* handelt, sind feststellende Beschreibungen hier nicht zu verwechseln mit Protokollierungen rein physischer Tatbestände. Im Inneren feststellender Beschreibungen gibt es gleichsam einen Individuierungsoperator.[18]

Ein eigenes Vermittlungsglied zwischen körperlichen Praktiken und Körpertechniken sind die technischen Geräte, hier also das Fahrrad. In ihnen ist der kulturelle Code gleichsam verdichtet manifestiert. Im Sonderfall ist dieses technische Gerät der eigene Körper, analog zu den Gliedmaßen, die als Werkzeuge der Werkzeuge gelten können.

Zugleich aber, und jetzt greift die Stärke der Metapher der Formatierung, ist die feststellende Beschreibung einer Körpertechnik in anderer Dimension ihrerseits eine hermeneutische Beschreibung. Z.B. kann das, was beim gewöhnlichen Radfahren ganz unscheinbares Bremsen bleibt, beim Mountainbiken zu einer ›Kulturtechnik‹ differenziert werden; die Beschreibung der mit einem konkreten Gerät verbundenen Körpertechnik kann offenbar so dünn gar nicht sein, als daß sie nicht solchen Differenzierungen noch einmal zugänglich wäre. Bremsen bei einem Mountainbike ist etwas anderes als bei einem Stadtrad, von feinen ergonomischen Unterschieden erst gar nicht zu reden.

Hier sind dann eben die Indizierungen der Formatierungen zu beachten. Es ist eine andere Theorie-Situation, ob man (z.B.) einen kulturellen Vergleich *zwischen* verschiedenen Radfahrkulturen anstellt, oder aber feine kulturelle Differenzierungen *innerhalb* einer der Radfahrkulturen herausstellen möchte. Um solche gestuften/indizierten Kulturvergleiche überhaupt anstellen zu können, muß die je einhergehen-

---

18 »Hebt man das ganze menschliche Kompositum auf, so kann es keinen Fuß und keine Hand mehr geben, außer nur dem Namen nach, wie man etwa auch eine steinerne Hand Hand nennt.« (Aristoteles, Politik, 1253 a 20ff.; Übers. Rolfes)

de Körpertechnik unterschiedlich dünn beschrieben sein. Um den Unterschied von *kursiv* und **fett** anzugeben, hilft es nicht recht weiter, ganz lange Geschichten zu erzählen, wie dieser Unterschied wohl auf der Ebene des Betriebssystems realisiert ist.[19] Um die unterschiedlichen kulturellen Codierungen des Straßen- und Bahnradrennens erfassen zu können, reicht es nicht zu sagen, in beiden Fällen würde in die Pedale getreten. Das ist ja auch bei allen anderen, insbesondere bei allen nichtsportlichen Weisen des Radfahrens so.

Im Beispiel von Ryle gesprochen: Wenn man das Parodieren des Zwinkerns mit dem Proben des Parodierens des Zwinkerns vergleicht, dann benutzt man nicht die dünne Beschreibung ›schnelle Bewegung des rechten Augenlids‹, sondern dann spielt ›Zwinkern‹ die Rolle der dünnen Beschreibung. Bezogen auf die Formatierung von Bewegungsweisen heißt das: Wenn man die körperliche Praktik des Mountainbikens mit der des Straßenradrennfahrens vergleicht, dann bedarf es einer feststellenden Beschreibung der Körpertechnik des *sportlichen* Radfahrens, um dann im Vergleich zu konstatieren, daß diese so beschriebene Körpertechnik in jenen beiden Kulturen je anders formatiert ist. Vergleicht man dagegen sportliche Radfahrkulturen mit Alltagsradfahrkulturen, wird sich auch die feststellende Beschreibung der je anders formatierten Körpertechnik ändern; genauso wie diese gerade noch dünne Beschreibung sozusagen dichter wird, wenn man verschiedene körperliche Praktiken innerhalb der Kultur des Mountainbikens vergleicht. Bei einem *solchen* Vergleich ist aus der körperlichen Praktik des Mountainbikens die zugrundeliegende *Körpertechnik* geworden, die bei diesem Vergleich innerhalb der Kultur des Mountainbikens z.B. beim *downhill* anders formatiert ist als beim *single trail*. Und entsprechend ist ein anderes technisches Gerät gefragt. Mountainbiken ist noch lange nicht Mountainbiken, und auch ein Mountainbike ist noch lange kein Mountainbike – selbst bei konstant gesetzter, vergleichbarer technischer Qualität nicht.

Dünne Beschreibungen von Körpertechniken sind also so dünn nun auch wieder nicht, denn Körpertechniken sind ihrerseits offenbar dreifach ›codiert‹. Zum einen sind sie eben als jene körperliche Praktik formatiert, die überhaupt Gegenstand der Betrachtung ist und *deren* Technik überhaupt zur Debatte steht. Zum zweiten ist diese so be-

---

19 Das Plädoyer, den Stufenindex der Formatierung zu beachten, ist damit das Plädoyer für eine Art Minimal-Phänomenologie, die qualitative Unterschiede nicht gradualistisch klein redet. Also ein Votum gegen solche Reduktionismen, die – prototypisch – davon ausgehen, daß eines Tages *alles* Wesentliche in der Sache zwischenmenschlicher Gefühle gesagt ist, wenn so denkwürdiges Raunen wie »Ich liebe Dich« übersetzt wäre in die dürre Beschreibung »Ich schütte gerade das Gefühlshormon xy aus«.

schriebene Körpertechnik ihrerseits eine körperliche Praktik, wenn man nur die Stufe der Betrachtung und damit den Index der Formatierung entsprechend wechselt. Und zum dritten ist eine Körpertechnik technisch formatiert, denn, ganz banal: kein kultureller Code wird es schaffen, daß man mit einem Rennrad zum Mountainbiken fährt.[20] Minimalbedingung dichter Beschreibungen körperlicher Praktiken sind offenbar feinsinnige Beschreibungen der technischen Geräte, im Sonderfall der Körper.

Ergebnis

Falls man von der kulturellen Formatiertheit menschlicher Bewegungsweisen ausgeht, dann kennt man keine überkulturellen und ahistorischen Bewegungen. Genau so, wie bestimmte philosophische Anthropologien ohne anthropologische Konstanten auskommen müssen; genau so, wie bestimmt Geschichtsschreibungen ohne Universalien auskommen müssen; genau so, wie bestimmte Geschlechtertheorien ohne ahistorisches biologisches Geschlecht auskommen müssen; genau so, wie die Ethnologie »spätestens seit der Barthschen Wende von der Kultur zur kulturellen Grenze« nur noch »›Kultur in Konkurrenz‹ als ihren Gegenstand«, und »keine in Ruhe gelassene Kultur« mehr kennt (Streck 2001: 184); genau so, wie ganz allgemein viele kulturwissenschaftliche Theorien keine vor-gegebenen, sondern nur noch sich-bildende Identitäten kennen – genau so muß der hier favorisierte Ansatz einer ›ethnographischen‹ Sportwissenschaft ohne rein physische (»natürliche«) Bewegungen auskommen.

Jede ethnographische, Bewegungskultur-deutende Beschreibung ist eine gedeutete feststellende Beschreibung und jede feststellende Beschreibung ist ihrerseits bereits gedeutet. Keine Beschreibung einer Bewegung kommt aus ohne mimetischen Bezug auf ein Gegebenes,

---

20 Diese Formulierung ist betont etwas grell, um die Grundintuition einzufangen, die da lautet: In der Regel benutzen wir keinen Schraubendreher, um einen Nagel in die Wand zu schlagen. Ob es tatsächlich niemals eine körperliche Praktik geben wird, mit Rennrädern über Steine und Wurzeln zu hoppeln, mag dahin gestellt bleiben. Vor einigen Jahren hätte so manch einer vielleicht formuliert, daß »kein kultureller Code es schaffen wird, mit einem Fahrrad querfeldein den Berg hinunter zu fahren«. Die Zeiten ändern sich, und so hätte sich eine solch vollmundige Behauptung als falsch erwiesen. Aber es hätte sich damit auch erwiesen, daß es keine Aussage zur *technischen* Codierung gewesen wäre. Wanderwege mit dem Fahrrad zu bewältigen, muß sich immerhin rein technisch bewältigen lassen, und es ist keinesfalls ein Zufall, daß mit dieser neuen körperlichen Praktik auch ein neues technisches Gerät einhergeht. – Zu einem Feld, in dem die technische Realisierung lange nur als Traum lebte, nämlich dem Fliegen, vgl. Gehring 2002.

traditionell ›Natur‹ genannt. Aber dieses Gegebene ist nicht absolut
(»natürlich«) gegeben, sondern gegeben relativ zu der beschriebenen
Bewegung im Unterschied zu einer anderen benachbarten Bewegung.
Bei entsprechend mikroskopischer Betrachtung ist jenes dort ›Gegebene‹ seinerseits Gegenstand einer, dann anders indizierten, ethnographischen Beschreibung.

Dem hier verfolgten Grundsatz, daß Bewegungskulturen nur in
ethnographischen bzw. hermeneutischen bzw. dichten Beschreibungen
in ihrer Eigenart zugänglich sind, tritt somit notwendig eine Art ökolo-
gisches Gebot zur Seite: Erhaltet und produziert eine Artenvielfalt feststellender Beschreibungen! Erst wenn Verschiedene Verschiedenes ge-
zählt haben, kann auffallen, daß vielleicht nicht so klar ist, was Katzen
auf Sansibar sind.

Offene Frage: Methodische Verdichtung

Bis dato war die Beschreibung dessen, was denn eine dichte Beschreibung sei, noch nicht sehr dicht. Was damit gemeint ist, macht das Beispiel von Ryle hinreichend deutlich. Aber wie so etwas geht, gar methodisch geleitet, eine dichte Beschreibung zu geben oder hinsichtlich
ihrer Güte zu beurteilen, das dürfte noch nicht sehr klar sein.

Nun ist das Bedürfnis nach methodischer Leitung nicht unschuldig,
sondern seinerseits von *bestimmten* Erwartungen abhängig. Da das
Konzept der *dichten Beschreibung* keinen theoretischen Ort kennt, an
dem ein Zugriff auf über- oder akulturelle Bewegungen erfolgen kann,
wird das Resultat einer *methodisch geleiteten* dichten Beschreibung zwar
objektiviert, aber nicht eineindeutig sein können: Weil *methodisch geleitet*, ist sie anderes als private (individuelle oder kollektive) Meinungs-
bekundung, aber weil *dichte Beschreibung* zielt sie nicht auf die einein-
deutige Wiedergabe eines natürlich Gegebenen.

Was in alltäglicher wissenschaftlicher Praxis gebraucht wird, ist ein
methodisches Instrumentarium, um die in verschiedenen körperlichen
Praktiken liegenden bzw. praktizierten Bedeutungen gegeneinander
diagnostizieren zu können (vgl. exemplarisch Bähr 2003 und Albert
i.d.B.). Was es, allgemeiner gesprochen, also braucht, sind Experimente,
die in der Lage sind, verschiedene Lösungen der selben Bewegungs-
aufgabe zu differenzieren sowie den darin eingelagerten kulturellen
Code zu diagnostizieren (vgl. Fikus 2003).

Besonders brisant wird dieses Problem, wenn man gerade nicht
nach Unterschieden fragt, sondern danach, ob sich etwas bzw. was sich
in bewegungskulturellen Unterschieden als invariant diagnostizieren
läßt. Das kann man sich noch einmal am Prototyp des Radfahrens in
Holland klar machen. Auf den ersten Blick scheint völlig klar zu sein,
daß man in Holland, im Ruhrgebiet, in China und auch überall sonst

auf der Welt doch wohl auf jeden Fall in die Pedale treten muß, um überhaupt Fahrrad zu fahren. Es scheint einigermaßen klar zu sein, daß die basale Körpertechnik resistent bleibt und lediglich der kulturelle Code wechselt, in den diese Techniken je eingebettet sind. Der theoretische Ansatz würde das gerade bestreiten, denn die Theorie sagt gerade, daß man dort nicht zwei Dinge tut: in die Pedale treten plus holländischem Geist ausgesetzt sein. Aber empirisch ist das weitgehend ungeklärt.

Hier liegt zwar ein grundsätzliches Problem vor, denn die Frage, *wie* man das Verhältnis von Körpertechnik und kulturellem Code konzipiert, ist ein theoretisches, und kein empirisches Problem. Aber das Minimum guter Theorie muß ja wohl sein, daß die Empirie mit dem theoretischen Konzept verträglich ist. Zugleich liegt hier ein weiteres Beispiel der Frage vor (vgl. Schürmann 2002a), ob und wie sich feine theoretische Unterschiede (in der Form unterschiedlicher Begründungen gleich lautender Thesen) – hier: der theoretisch entscheidende Unterschied zwischen kultureller Bedingtheit und kultureller Formatiertheit (Kulturalität) von Bewegungen – empirisch-praktisch niederschlagen, und wie solche Niederschläge, die nicht feststellbar sind, sondern sich lediglich zeigen, evaluiert werden können.

Literatur

Alkemeyer, Thomas (1996): *Körper, Kult und Politik. Von der ›Muskelreligion‹ Pierre de Coubertins zur Inszenierung von Macht in den Olympischen Spielen von 1936*, Frankfurt a.M./New York: Campus.

Alkemeyer, Thomas (1997): »Sport als Mimesis der Gesellschaft. Zur Aufführung des Sozialen im symbolischen Raum des Sports«. In: Zeitschrift für Semiotik 19, S. 365-395.

Alkemeyer, Thomas (2001): »Die Vergesellschaftung des Körpers und die Verkörperung des Gesellschaftlichen. Ansätze zu einer Historischen Anthropologie des Körpers und des Sports in modernen Gesellschaften – Folgerungen für eine integrative Bewegungswissenschaft«. In: Moegling 2001, S. 132-178.

Alkemeyer, Thomas (2004): »Bewegung und Gesellschaft. Zur ›Verkörperung‹ des Sozialen und zur Formung des Selbst in Sport und populärer Kultur«. In: Klein 2004, S. 43-78.

Bähr, Ingrid (2003): »Erleben ›Frauen‹ das Sportklettern anders als ›Männer‹? Eine Studie zur Geschlechtstypik des Bewegungshandelns«. In: Norbert Gissel/Jürgen Schwier (Hg.), *Abenteuer, Erlebnis und Wagnis. Perspektiven für den Sport in Schule und Verein?* Hamburg: Czwalina, S. 65-70.

Bös, Klaus/Mechling, Heinz (2003): »Bewegung, Tl. 2«. In: Peter Röthig/Robert Prohl (Hg.), *Sportwissenschaftliches Lexikon (7. Aufl.)*, Schorndorf: Hofmann, S. 82-84.

Bröskamp, Bernd (1994): *Körperliche Fremdheit. Zum Problem der interkulturellen Begegnung im Sport*, Sankt Augustin: Academia.

Brundage, Avery (1959):»Eröffnungsrede bei der Sitzung des Internationalen Olympischen Komitees am 23. Mai 1959 in München«. In: Die Leibeserziehung 1959, H. 6, S. 173-176.

Deleuze, Gilles (1993): *Logik des Sinns*, Frankfurt a.M.: Suhrkamp.

Eichberg, Henning (1978): *Leistung, Spannung, Geschwindigkeit. Sport und Tanz im gesellschaftlichen Wandel des 18./19. Jahrhunderts*, Stuttgart: Klett-Cotta.

Eichberg, Henning (2001):»Sport, Nation und Identität«. In: Heinemann/ Schubert, S. 37-61.

Eisenberg, Christiane (1999): ›*English sports*‹ *und deutsche Bürger. Eine Gesellschaftsgeschichte 1800-1939*, Paderborn u.a.: Schöningh.

Fechner, Gustav Theodor (1889): *Elemente der Psychophysik*, Leipzig: Breitkopf und Härtl.

Fikus, Monika/Müller, Lutz (Hg.) (1998): *Sich-Bewegen – Wie Neues entsteht. Emergenztheorien und Bewegungslernen*. Hamburg: Czwalina.

Fikus, Monika (1989): *Visuelle Wahrnehmung und Bewegungskoordination. Eine empirische Arbeit aus dem Volleyball*. Frankfurt a.M./Thun: Harri Deutsch.

Fikus, Monika (1998),»Der Gestaltkreis als Erklärungsprinzip für die Bildung von Handlungsgestalten«. In: Fikus/Müller 1998, 113-128.

Fikus, Monika (2001):»Bewegungskonzeptionen in der Sportwissenschaft«. In: Schürmann 2001, S. 87-103.

Fikus, Monika (2003):»The role of body and movement in culture(s), and implications on the design of research on culture and technology«. In: Moritz 2003, S. 89-105.

Fikus, Monika/Schürmann, Volker (2002):»Bewegungskonzepte aus der Sicht verschiedener Wissenschaftsdisziplinen. Einführung«. In: Leipziger Sportwissenschaftliche Beiträge 43 (2002) 1, S. 117-118.

Franke, Elk (1994):»Semiotik des Sports – Eine übersehene Variante in der Theoriediskussion«. In: Friedrich et al. 1994, S. 33-66.

Friedrich, Georg et.al. (Hg.) (1994): *Sport und Semiotik*, Sankt Augustin: Academia.

Friedrich, Georg (Hg.) (2001): *Zeichen und Anzeichen – Analysen und Prognosen des Sports*, Hamburg: Czwalina.

Gebauer, Gunter (1997):»Bewegung«. In: Wulf 1997, S. 501-516.

Gebauer, Gunter (2004):»Ordnung und Erinnerung. Menschliche Bewegung in der Perspektive der historischen Anthropologie«. In: Klein 2004, S. 23-41.

Geertz, Clifford (1983/1987): *Dichte Beschreibung. Beiträge zum Verstehen kultureller Systeme*, Frankfurt a.M.: Suhrkamp.

Gehring, Petra (2002):»Die Bewegung des Fliegens. Zur erkenntnistheoretischen Valenz einer Metapher«. In: Leipziger Sportwissenschaftliche Beiträge 43 (2002) 1, S. 137-157.

Gerhardt, Volker/Lämmer, Manfred (1993/1995):»Fairneß und Fair Play. Einleitung«. In: dies. (Hg.), *Fairneß und Fair Play. Eine Ringvorlesung an der Deutschen Sporthochschule Köln*, Sankt Augustin: Academia, S. 1-4.

Gibson, James. J. (1982): *Wahrnehmung und Umwelt*, München: Urban & Schwarzenberg.

Grupe, Ommo (2001): »Körper, Bewegung, Sportkultur«. In: Moegling 2001, S. 199-218.

Heinemann, Klaus/Schubert, Manfred (Hg.) (2001): *Sport und Gesellschaften*, Schorndorf: Hofmann.

Hildenbrandt, Eberhard (Hg.) (1997): *Sport als Kultursegment aus der Sicht der Semiotik*, Hamburg: Czwalina.

Hildenbrandt, Eberhard (1997a): »Sport aus der Perspektive der Kulturphilosophie von Ernst Cassirer«. In: Hildenbrandt 1997, S. 15-24.

Hildenbrandt, Eberhard (2001): »Formstufen des Sports«. In: Friedrich 2001, S. 45-60.

Horak, Roman/Penz, Otto (2001): »Sport und Cultural Studies: Zur ungleichzeitigen Formierung eines Forschungsfeldes«. In: Udo Göttlich et al. (Hg.), *Die Werkzeugkiste der Cultural Studies. Perspektiven, Anschlüsse und Interventionen*. Bielefeld: transcript, S. 105-130.

Hossner, Ernst-Joachim (2001): »Sportmotorik zwischen neuronalen Aktivitäten, kognitiven Funktionen und phänomenalem Erleben«. In: Psychologie und Sport 8 (2001) 4, S. 139 - 148.

Jaeger, F. et al. (Hg.) (2004): *Handbuch der Kulturwissenschaften. Band 1-3*, Stuttgart/Weimar: Metzler.

Kämpf, Heike (2003): *Die Exzentrizität des Verstehens. Zur Debatte um die Verstehbarkeit des Fremden zwischen Hermeneutik und Ethnologie*. Berlin: Edition Humboldt/Parerga.

Kittsteiner, Heinz Dieter (Hg.) (2004): *Was sind Kulturwissenschaften? 13 Antworten*, München: Fink.

Klein, Gabriele (Hg.) (2004): *Bewegung. Sozial- und kulturwissenschaftliche Konzepte*, Bielefeld: transcript.

Köller, Wilhelm (2001): »Das Phänomen ›Bewegung‹ in semiotischer Sicht«. In: Friedrich 2001, S. 11-21.

König, Josef (1926): *Der Begriff der Intuition*, Halle/Saale: Niemeyer.

Krüger, Michael (2004): *Einführung in die Geschichte der Leibeserziehung und des Sports. Teil 1: Von den Anfängen bis ins 18. Jahrhundert*, Schorndorf: Hofmann.

Leont'ev, Aleksej N. (1982): *Tätigkeit – Bewußtsein – Persönlichkeit*, Köln: Pahl-Rugenstein.

Luhmann, Niklas (1984/1987): *Soziale Systeme. Grundriß einer allgemeinen Theorie*, Frankfurt a.M.: Suhrkamp.

Marr, David (1982): *Vision*, New York: W.H. Freeman.

Mauss, Marcel (1935/1978): »Die Techniken des Körpers«. In: Marcel Mauss, *Soziologie und Anthropologie, Bd. 2*, Frankfurt a.M.: Ullstein.

Moegling, Klaus (Hg.) (2001): *Integrative Bewegungslehre, Teil I*, Kassel: Prolog.

Moritz, Eckehard F. (Hg.) (2003): *Sports, Culture, and Technology. An introductory Reader*. Sottrum: artefact.

Müller, Klaus E. (Hg.) (2003): *Phänomen Kultur*, Bielefeld: transcript.

Müller, Lutz (2001): »Über den Sinn für sportliches Spielen«. In: Schürmann 2001, S. 208-232.

Müller, Lutz/Fikus, Monika (1998): »Emergenz und Bewegungslernen. Eine Einführung in den Workshop«. In: Fikus/Müller 1998, S. 19-37.

Newell, Karl M. (1986): »Constraints on the development of coordination«. In: Michael G. Wade/Harold Th. A. Whiting (Hg.), *Motor development in children: Aspects of coordination and control*. Dordrecht: Martinus Nijhoff.

Olivier, Norbert/Rockmann, Ulrike (2003): *Grundlagen der Bewegungswissenschaft und -lehre*. Schorndorf: Hofmann.

Plessner, Helmuth (1928/1975): *Die Stufen des Organischen und der Mensch. Einleitung in die philosophische Anthropologie*, Berlin/New York: de Gruyter.

Plessner, Helmuth (1953/1983): »Mit anderen Augen«. In: *Gesammelte Schriften*. Hg. v. Günter Dux et al., Bd. VIII, Frankfurt a.M.: Suhrkamp.

Prohl, Robert/Seewald, Jürgen (Hg.) (1995): *Bewegung verstehen. Facetten und Perspektiven einer qualitativen Bewegungslehre*, Schorndorf: Hofmann.

Reckwitz, Andreas (1999): »Praxis – Autopoiesis – Text. Drei Versionen des ›Cultural Turn‹ in der Sozialtheorie«. In: Andreas Reckwitz/Holger Sievert (Hg.), *Interpretation, Konstruktion, Kultur. Ein Paradigmenwechsel in den Sozialwissenschaften*, Opladen: Westdeutscher Verlag, S. 19-49.

Röttgers, Kurt (1983): »Der Ursprung der Prozeßidee aus dem Geiste der Chemie«. In: Archiv für Begriffsgeschichte 27, S. 93-157.

Röttgers, Kurt (2003): »Autonomes und verführtes Subjekt«. In: Paul Geyer/Monika Schmitz-Emans (Hg.), *Proteus im Spiegel. Kritische Theorie des Subjekts im 20. Jahrhundert*. Würzburg: Königshausen & Neumann, S. 65-85.

Saussure, Ferdinand de (1916/1967): *Grundfragen der allgemeinen Sprachwissenschaft*. Hg. v. Charles Bally/Albert Sechehaye, Berlin: de Gruyter.

Scherer, Hans-Georg/Bietz, Jörg (2000): »Zwischen Zeichen und primordialem Sinn – Bewegung als Bedeutungsproblem«. In: dies. (Hg.): *Kultur – Sport – Bildung. Konzepte in Bewegung*, Hamburg: Czwalina, S. 117-148.

Scherler, Karlheinz (1990): »Bewegung als Zeichen«. In: Hartmut Gabler/Ulrich Göhner (Hg.), *Für einen besseren Sport... Themen, Entwicklungen und Perspektiven aus Sport und Sportwissenschaft*, Schorndorf: Hofmann, S. 396-414.

Schierz, Matthias (1995): »Bewegung verstehen – Notizen zur Bewegungskultur«. In: Prohl/Seewald 1995, S. 99-118.

Schmidt, Richard A. (1975): »A schema theory of descrete motor skills learning«. In: Psychological Review 4, S. 225-260.

Schürmann, Volker (1994): »Die Substanz der Relation. Notizen zu Ernst Cassirer«. In: Ztschr. f. philos. Forschung 48, S. 104-116.

Schürmann, Volker (1996): »Die Aufgabe einer Art Grammatik der Symbolfunktion«. In: Martina Plümacher/Volker Schürmann (Hg.), *Einheit des Geistes. Probleme ihrer Grundlegung in der Philosophie Ernst Cassirers*, Frankfurt a.M./Bern u.a.: Lang, S. 81-112.

Schürmann, Volker (2000): »Kultur als Mittel oder Medium. Zur systematischen Differenz der Modelle ›Gehlen‹ und ›Plessner‹«. In: Barbara

Ränsch-Trill (Hg.), *Natürlichkeit und Künstlichkeit. Philosophische Diskussionsgrundlagen zum Problem der Körper-Inszenierung*, Hamburg: Czwalina, S. 57-66.

Schürmann, Volker (Hg.) (2001): *Menschliche Körper in Bewegung. Philosophische Modelle und Konzepte der Sportwissenschaft*, Frankfurt a.M./New York: Campus.

Schürmann, Volker (2001a): »Die eigentümliche Logik des eigentümlichen Gegenstandes Sport – Vorüberlegungen«. In: Schürmann 2001, S. 262-287.

Schürmann, Volker (2001b): »Die Verbindlichkeit des Ausdrucks. Leibgebundenes Verstehen im Anschluß an Misch und König«. In: Franz Bockrath/ Elk Franke (Hg.), *Vom sinnlichen Eindruck zum symbolischen Ausdruck – im Sport*, Hamburg: Czwalina, S. 49-60.

Schürmann, Volker (2002): *Heitere Gelassenheit. Grundriß einer parteilichen Skepsis*. Magdeburg: Edition Humboldt/Scriptum.

Schürmann, Volker (2002a): »Spiel und Ereignis« (Vortrag beim Sportspiel-Symposium 2002 vom 26.-28.9.2002 in Bremen: *Begründungsdiskurs und Evaluation in den Sportspielen*). Als »Vortrag_Schuermann.pdf« unter: http://ftp.uni-bremen.de/pub/Uni-Bremen/Departments/sport/sportspiele/resuemee/

Schwier, Jürgen (Hg.) (1998): *Jugend – Sport – Kultur*, Hamburg: Czwalina.

Streck, Bernhard (1997): *Fröhliche Wissenschaft Ethnologie. Eine Einführung*. Wuppertal: Edition Trickster/Hammer.

Streck, Bernhard (2001): »Zur Kritik der rituellen Vernunft«. In: Paideuma 47, S. 181-193.

Thelen, Esther/Smith, Linda B. (1994): *A dynamic system approach to the development of cognition and action*. Cambridge: MIT press.

Thiele, Jörg (2003): »Ethnographische Perspektiven der Sportwissenschaft in Deutschland – Status Quo und Entwicklungschancen«. In: Forum Qualitative Sozialforschung/Forum: Qualitative Social Research 4 (1), 37 Absätze. Zugriff am 5.6.2003 unter: http://www.qualitative-research.net/fqs-texte/1-03/1-03thiele-d.htm.

Thorndike, Edward Lee (1914): *Educational psychology: Briefer course*. New York: Columbia University Press.

Trebels, Andreas H. (1995): »Bewegungskultur und ihr Rückbezug auf Bewegungskonzepte«. In: Rainer Pawelke (Hg.), *Neue Sportkultur. Ein Handbuch*. Lichtenau: Edition Traumfabrik/AOL, S. 112-121.

Weizsäcker, Viktor von (1940): *Der Gestaltkreis*. Berlin: Springer.

Willimczik, Klaus (1999): »Die biomechanische Betrachtungsweise«. In: Klaus Roth/Klaus Willimczik, *Bewegungswissenschaft*, Reinbek: Rowohlt, S. 21-73.

Wulf, Christoph (Hg.) (1997): *Vom Menschen. Handbuch Historische Anthropologie*, Weinheim/Basel: Beltz.

KATRIN ALBERT

Biographische Erzählungen über Bewegungspraxen. Zu ihrer Relevanz für die Rekonstruktion von Bedeutung körperlicher (sportiver) Bewegungen

Der Mensch ist, so Geertz, ein Wesen, das in ein selbstgesponnenes Bedeutungsgewebe verstrickt ist, wobei Kultur dieses Gewebe ist (Geertz 1999: 9). Davon ausgehend, daß menschliche körperliche Bewegungen kulturabhängig sind – nur so ist die Rede von unterschiedlichen Bewegungskulturen erlaubt – könnte Geertz' Aussage über Kultur bezogen auf Bewegungskultur folgendermaßen gelesen werden: Menschliches körperliches Bewegen ist in ein vom sich bewegenden Menschen gesponnenes Bedeutungsgewebe verstrickt, wobei Bewegungskultur dieses Gewebe ist. Folgt man dieser Annahme, beinhaltet dies, daß (Bewegungs-)Kulturen einen Kontext bieten, in dem Bewegungsweisen von Akteuren verständlich (dicht) beschreibbar sind und daß die Akteure mit ihren Bewegungsweisen in irgendeiner Art Bedeutung verbinden. Aber mit welchen methodischen Instrumentarien können die in verschiedenen körperlichen Praktiken liegenden bzw. praktizierten Bedeutungen diagnostiziert werden (vgl. Bähr 2003; Fikus/Schürmann 2003)?

In diesem Artikel werde ich versuchen, diesem Problem nachzugehen, indem ich meinerseits frage, inwieweit die theoretischen und forschungsmethodischen Grundlagen der qualitativen Biographieforschung bezüglich der Bedeutungsrekonstruktion von Bewegungspraxen Anregungen und Anwendung für die sportwissenschaftliche Forschung bieten. Dazu werde ich zunächst die theoretischen Grundlagen der qualitativen Biographieforschung umreißen und davon ausgehend das Konzept der Bewegungsbiographien vorstellen. Danach sollen exemplarisch die von mir gewählten Erhebungs- und Auswertungsmethoden für eine Bedeutungs- und Sinnrekonstruktion von körperlichen Bewegungen dargestellt werden.

Qualitative Biographieforschung – ein grober Überblick

Qualitative Biographieforschung findet in Deutschland seit Ende der 70er Jahre in den Sozialwissenschaften immer weitere Verbreitung. Sie fokussiert Biographie als die individuell erinnerte und erzählte Lebensgeschichte.[1]Die wissenschaftliche Auseinandersetzung mit individuellen Lebensgeschichten und individuellen Verarbeitungsformen gesellschaftlicher und milieuspezifischer Erfahrungen (vgl. Marotzki 2000: 176) nährt die Hoffnung, der wachsenden Pluralität biographischer Muster und Lebenslaufstrukturen in sich modernisierenden Gesellschaften gerecht zu werden.

In der qualitativen Biographieforschung wird die Biographie als das Ergebnis der Konstruktionsleistung eines Akteurs[2] verstanden, der sich in Form narrativer Selbstthematisierung seines bisherigen Lebens erinnert. Er wird in eine bereits sozial vor-arrangierte und vor-ausgelegte Welt hineingeboren und im Prozeß seiner Sozialisation erwirbt er die Fähigkeit, seine Lebenswelt deutend zu interpretieren. Die soziale Wirklichkeit wird hierbei als zu interpretierende verstanden, deren Bedeutungs- und Sinngehalte sich erst in den Interpretationen der Akteure interaktiv konstituieren.

In der Biographie, der erzählten Lebensgeschichte, zeigt sich die enge Verquickung von Gesellschaftlichem und Individuellem. An den Akteur werden gesellschaftliche Sinn- und Bedeutungsvorgaben herangetragen. Er muß seine Biographie unter den vorfindlichen soziokulturellen Bedingungen herstellen, die daher als Art Hintergrundfolie in der Biographie immer mit präsent sind. Zudem zeigt sich in der Biographie das individuelle physische und reflexive Handeln des Akteurs, seine getroffenen Wahlen und Entscheidungen, seine Entwürfe, sein individuelles Erleben und seine individuellen Sinn- und Bedeutungsgehalte. Sie entwickeln sich jedoch, wie bereits erwähnt, nicht im luft-

---

1 Damit distanziert sich die qualitativ orientierte Biographieforschung von der Normalbiographie- bzw. der Lebens(ver)laufsforschung. ›Normalbiographie‹ bezeichnet eine generalisierte Biographie einer bestimmten Bevölkerungsgruppe und läßt sich anhand einer vorstrukturierten, regelhaften Abfolge von Statuskonfigurationen bestimmen (vgl. Diezinger 1995: 269).

2 Aufgrund der besseren Lesbarkeit wird in weiten Teilen des Textes nur die männliche Form der Subjekte verwendet, auch wenn eigentlich beide Geschlechter berücksichtigt werden müßten.

leeren Raum, sondern in einem bestimmten soziokulturellen Kontext, von dem sie quasi ›eingefärbt‹ sind (vgl. Rosenthal 1995; Dausien 1996). Der Akteur wird als Produzent seines Lebens und auch seiner Lebensgeschichte angesehen. Er eignet sich seine Lebenswelt interaktiv an, kann sie bestätigen sowie verändernd auf sie einwirken. Er lernt aus seinem Leben, gestaltet es und versucht sich in ihm zu verwirklichen. Er erinnert sich an Ereignisse und erworbene Erfahrungen, reflektiert sie und bringt rückblickend die für die gegenwärtige biographische Erzählung wichtig erscheinenden Momente in einen schlüssigen Gesamtzusammenhang, so daß er sein Leben in einer sinnvollen, chronologisch geordneten Erzählung darbieten kann.[3]

Basierend auf diesen hier nur knapp dargestellten theoretischen Grundannahmen werden von unterschiedlichen Wissenschaftsdisziplinen je spezifische Erkenntnisinteressen an die qualitative Biographieforschung herangetragen. So gilt beispielsweise ein eher soziologisches Interesse der objektiven Seite (gesellschaftliche Rahmung, soziokulturelle Umwelt), die sich in der Biographie aufzeigen läßt, also dem Lebenslauf, der Laufbahn und Karriere (Schulze 1999: 39). Die erziehungswissenschaftliche Biographieforschung fragt zum Beispiel nach individuellen Lern- und Bildungsprozessen (Marotzki 1999: 111), die Sozialpädagogik nach biographischen Prozeßstrukturen gescheiterter oder belasteter Bildungskarrieren (v. Wensierski 1999: 443). Ein weiterer Gegenstand der Biographieforschung ist die Wechselbeziehung zwischen den biographisch bedeutsamen Momenten, z.B. einzelnen Ereignissen oder Themen und dem Gesamtzusammenhang des Lebens. Im Zuge der Ausweitung der Biographieforschung verstärken sich auch die Reflexionsbemühungen über Theoriebildung und Methoden, bspw. darüber, wie sich erzähltes zum gelebten Leben verhält oder welchen Konstruktionsprozessen Biographie unterliegt. Zusammenfassend lassen sich nach Schulze fünf Interessensschwerpunkte in der Biographieforschung unterscheiden – Biographie als Text, Leben, Bildungsprozeß, gesellschaftliche Konstruktion und Kommunikationsform (Schulze 1999: 40). Sie greifen an unterschiedlichen Stellen des

---

3 Autobiographisch erzählen zu können ist nicht allein Ergebnis von Sozialisationsprozessen, sondern bedarf ebenso biologischer Grundlagen. Wie neurowissenschaftliche Befunde zeigen, hat der Mensch im Alter von 3-6 Jahren die Fähigkeit entwickelt, sich als Individuum mit einzigartiger Lebensgeschichte aufzufassen, das sich von anderen unterscheidet und sich seiner einzigartigen Vergangenheit und Zukunft bewußt ist. Den biologischen bzw. neurologischen Voraussetzungen soll jedoch in diesem Artikel nicht weiter nachgegangen werden. Ausführliche Informationen dazu finden sich bei Nelson (2002: 254).

Konstruktes Biographie an, sollen aber hier nicht weiter vertieft werden.

Vielmehr möchte ich mich der forschungsmethodischen Seite der qualitativen Biographieforschung zuwenden. Qualitative Biographieforschung sieht sich der qualitativen Sozialforschung und damit einem interpretativen Paradigma verpflichtet. Ausgangspunkt ist die Unterstellung eines die Wirklichkeit deutenden und interpretierenden Akteurs, der seine Biographie als sinnvolle Lebensgeschichte konstruiert.[4] Will der Forscher die Deutungen, Interpretationen und Konstruktionsleistungen der Akteure untersuchen, muß er adäquate Methoden der Datenerhebung und -auswertung anwenden, die eine Re-Konstruktion der Akteursperspektive ermöglichen. Dies bedeutet, im Bereich der Datenerhebung auf solche Verfahren zurückzugreifen, die den Akteuren Gelegenheit geben, ihre individuellen Deutungen und Konstruktionen ihrer Lebenswelt (ihre Relevanzsysteme) möglichst frei und in ihrer eigenen Sprache oder im normalen Alltagshandeln zu entfalten. Damit soll die Gefahr verringert werden, dem Probanden Fehldeutungen und -interpretationen (die eher dem Relevanzsystem des Forschers entsprechen) überzustülpen. Qualitative Biographieforschung bedient sich daher möglichst offener Verfahren der Datenerhebung. Ihr wohl bekanntestes und gebräuchlichstes Erhebungsinstrument ist das narrative Interview. Weitere Erhebungsmethoden sind das problemzentrierte Interview, das Leitfadeninterview, Gruppendiskussionen, teilnehmende Beobachtung und Dokumente verschiedener Art (Tagebücher, Familienchroniken, Zeitungen, Bilder, Filme, etc.) (vgl. Marotzki 1999: 113ff.). Die qualitativen Erhebungsverfahren werden zum Teil untereinander oder mit anderen Erhebungsverfahren kombiniert. Die Auswertungsmethoden sind ebenso vielfältig wie die Erhebungsmethoden. Marotzki (1999: 117ff.) unterscheidet drei Gruppen von Auswertungsmethoden. Zum einen deskriptiv-typologische Methoden, wie beispielsweise die qualitative Inhaltsanalyse, die dokumentarische Methode, den Deutungsmusteransatz oder textstrukturelle Ansätze, zum anderen die theoriebildenden Methoden, wie z.B. Grounded Theory oder die Auswertung narrativer Interviews nach Schütze und

---

4 Die theoretischen Grundannahmen der Biographieforschung über den Akteur und seine Auseinandersetzung mit der sozialen Wirklichkeit entsprechen den Grundannahmen qualitativer Sozialforschung, die Flick/ Kardorff/Steinke (2000a: 22) wie folgt kennzeichnen: »1. soziale Wirklichkeit als gemeinsame Herstellung und Zuschreibung von Bedeutungen. 2. Prozesscharakter und Reflexivität sozialer Wirklichkeit. 3. ›Objektive‹ Lebensbedingungen werden durch subjektive Bedeutungen für die Lebenswelt relevant. 4. Der kommunikative Charakter sozialer Wirklichkeit lässt die Rekonstruktion von Konstruktionen sozialer Wirklichkeit zum Ansatzpunkt der Forschung werden.«

als drittes tiefenstrukturelle Methoden, wie die objektive Hermeneutik oder psychoanalytische Textinterpretationen. Qualitative Biographieforschung, so läßt sich zusammenfassend feststellen, verfügt nicht über originäre Methoden. Sie bedient sich einer breiten Palette des in der qualitativen Sozialforschung angewandten Methodenrepertoires der Datenerhebung und -auswertung – angepaßt an den jeweiligen Forschungsgegenstand und die Forschungsfrage.

Körper und Bewegung in der (sportwissenschaftlichen) Biographieforschung

Was läßt sich mit dem Wissen um das weite Feld der qualitativen Biographieforschung und ihrer vielfältigen Methoden anfangen? Scheint es doch bislang so, als tauchten Körper oder/und körperliche Bewegung als die genuinen Interessengebiete der Sportwissenschaft innerhalb der qualitativen Biographieforschung nicht oder nur am Rande auf. Wie können biographietheoretische Annahmen, Körper und körperliche Bewegung sowie im besonderen die Erforschung von Bewegungsbedeutungen miteinander verbunden werden?

Der Körper ist in der Biographieforschung m.E. in mehrfacher Hinsicht präsent – erstens in den biologischen Voraussetzungen, die erst so etwas wie autobiographisches Nachdenken ermöglichen, in einer Art Körpergedächtnis,[5] zweitens in Erinnerungen und Erzählungen über körperbezogene Ereignisse und Erfahrungen sowie drittens in Bedeutungszuschreibungen des Körpers und dem damit verbundenen Körperbild.[6]

Körperliche Bewegungen, aus einer anthropologischen Perspektive verstanden, sind konstitutiv dafür, daß Menschen über vergangene Erlebnisse und Erfahrungen erzählen können. Sich-Bewegen wird in dieser Sichtweise als Medium des Zugangs zur Welt gefaßt, durch den Erfahrungen möglich werden. Körperliche Bewegungen sind Weisen

---

5 Folgt man bestimmten Neurowissenschaftler, so heißt *Körpergedächtnis*, daß jegliche Erfahrungen mit sogenannten »somatischen Markern« gekoppelt sind, also immer auch als körperliche und emotionale Erfahrungen abgespeichert werden. Diese Kopplung ist »mehr oder minder bewusstseinsfähig«. Sie läuft zum großen Teil unbewußt, non-deklarativ und erfahrungsabhängig ab und ist soziokulturell geprägt (Welzer 2002: 172).

6 Die Untersuchungen von Anke Abraham beziehen sich bspw. auf Fragen nach dem Umgang mit dem Körper in unserer Gesellschaft, nach Formen des Alltagswissens über den Körper, nach kollektiven Deutungsmustern und Diskursen über den Körper (vgl. Abraham 2001; 2002). In biographischen Interviews fragt sie nach Körpererinnerungen aus der Kindheit und Jugend. Auf Grundlage dieser Daten versucht Abraham mittels Sequenz- und Narrationsanalyse die latenten Sinnschichten der Befragten bzgl. ihrers Körpers aufzudecken (Abraham 2001: 194f.).

der Konstituierung der Welt und Träger kultureller Bedeutungsgehalte, da sie in ein Netzwerk subjektiver, sozialer und objektiver Bedeutungszusammenhänge eingebettet sind. Bewegungen haben als solche bereits Bedeutung für den Akteur. Sie sind Ausdrucksmittel des Inderweltseins und Soinderweltseins (vgl. zusammenfassend Fikus 2001: 101). Die in körperlichen Bewegungen liegende oder praktizierte Bedeutung ist allerdings nichts Feststehendes, was *der* Akteur oder *die* Bewegung hat. Für den Akteur kann sich diese Bedeutung während seines Lebensverlaufes (und wohl auch während der praktizierten Bewegung selbst) ändern. Durch einen ›biographischen Blick‹ könnten solche Bedeutungskonstitutionsprozesse, Bedeutungsverschiebungen und -veränderungen innerhalb der Bewegungsbiographie[7] erfaßbar sein. Die Bewegungsbiographie stellt den Ausschnitt der Biographie dar, der sich auf Körper- und Bewegungspraxen bezieht und somit nicht losgelöst von der bisherigen Lebensgeschichte eines Akteurs und seiner Lebenshintergründe betrachtet werden kann. Sie ist sowohl an die Körper- und Bewegungsentwicklung als auch an die körper- und bewegungsbezogenen subjektiven Wahrnehmungen, Erfahrungen und Erinnerungen der Akteure gebunden. Im Lebensverlauf sammelt der Akteur in aktiver Auseinandersetzung mit in verschiedenen Handlungskontexten vorfindlichen und durch das eigene Handeln mitkonstituierten sozial-ökologischen Gegebenheiten Körpererfahrungen und baut ein individuelles Bewegungsrepertoire auf. Neue körper- und bewegungsbezogene Erfahrungen muß er mit vorgängig erworbenen Erfahrungen verbinden. Alte Bewegungserfahrungen können durch neue Erfahrungen bekräftigt, hinterfragt und modifiziert werden. Der Akteur entwickelt so sukzessive seinen körper- und bewegungsbezogenen Erfahrungsschatz, seine Bewegungskompetenzen, Orientierungen und Vorstellungen weiter und bearbeitet sie gemäß der jeweiligen Positionen und Stationen. Ein Beispiel soll dies veranschaulichen:

---

7 Bewegungsbiographie ist kein unbekanntes Konstrukt in der sportwissenschaftlichen Forschung. Baur spricht schon 1989 von »Körper- und Bewegungsbiographien«. Er bezieht sich nicht auf theoretische Grundlagen der Biographieforschung, sondern er entwickelt sein Forschungsprogramm der »Körper- und Bewegungskarrieren« in Anknüpfung an dialektische Entwicklungskonzeptionen. Die Körper- und Bewegungsbiographie sieht er als den Teil der Körper- und Bewegungskarriere, der die je individuelle Ausformung der Körper- und Bewegungskarriere und die je individuellen Konstruktionen des einzelnen Subjekts in bezug auf Körper und Bewegung fokussiert. Überschneidungen ergeben sich mit dem Biographiekonzept der Biographieforschung vor allem in der Betonung des Individuums und dessen subjektiver Auslegung der Lebens- bzw. der Bewegungswelt (vgl. Baur 1989: 87ff.).

Anisha (14 Jahre) lernt mit 11 Jahren von ihrem älteren Bruder das Radfahren. Sie liebt es, schnell zu fahren. Stürze sind quasi ›an der Tagesordnung‹, aber sie trägt jedes Mal nur ein paar Schrammen und blaue Flecke davon. Sie empfindet die Stürze weder als besonders schmerzhaft noch als abschreckend. Das gehöre eben zum schnellen Radfahren dazu, so Anisha. Bei schönem Wetter ist sie fast täglich mit ihrem Rad im Stadtpark unterwegs. Als 13jährige fährt sie eines Tages während eines Wettrennens mit dem Bruder mit sehr hohem Tempo einen Berg hinunter. Sie kann nicht mehr bremsen und rast gegen einen Baum. Sie hat große Schmerzen und verletzt sich so stark am Schlüsselbein, daß sie von ihrem Bruder ins Krankenhaus gebracht werden muß. Nach diesem Erlebnis braucht Anisha mindestens fünf Monate, um wieder angstfrei auf ihr Fahrrad steigen zu können. Gegenwärtig fährt sie kein Rad mehr. Obwohl es ihr ›eigentlich‹ immer noch Spaß macht, verzichtet sie aus Rücksicht auf ihren ›Körper‹ darauf, denn noch heute kann sie die deutlich sichtbaren Folgen des Sturzes an ihrem Körper nachweisen. Auch zukünftig kann sie sich nicht vorstellen, wieder Rad zu fahren.[8]

Anisha hat in ihrer kurzen Radfahrkarriere verschiedene Bewegungs- und Körpererfahrungen gesammelt, welche in ihre biographischen Wissensbestände über das Radfahren eingehen. Sie sind grundlegend für die Entfaltung persönlicher Vorstellungen über Körper, Bewegung und Sport. Anisha mußte die jeweils neue körper- und bewegungsbezogene Erfahrung (schmerzhafter Sturz, zögerlicher, angstbesetzter Neuanfang) mit den vorgängig erworbenen Erfahrungen (spaßig, schnell, folgenlos) verbinden. Ihr bewegungsbiographisches Wissen bezüglich des Radfahrens ist nicht nur auf die Vergangenheit und Gegenwart gerichtet, sondern es verweist ebenso auf Zukünftiges. Anisha trifft eine bewußte, auf ihren Bewegungserfahrungen basierende Entscheidung gegen das Radfahren. D.h. sie orientiert ihre Zukunftserwartungen (mögliche körperliche Schädigung, ängstliches Fahren) an ihren Bewegungserfahrungen. Sie schätzt ab, was erstrebenswert und machbar für sie ist und deshalb zukünftig in Angriff genommen werden sollte oder, wie in ihrem Fall, eben auch nicht.[9]

---

8 Das Beispiel entstammt einem Interview mit einer vierzehnjährigen Hauptschülerin. Es wird hier nur verwandt, um die theoretischen Prämissen zu illustrieren; alle folgenden Interpretationen bleiben ohne Berücksichtigung des gesamten biographischen Kontextes der Jugendlichen, der die Interpretationen weitaus komplexer werden ließe (kultureller Hintergrund als Kurdin, Rolle der Frau und des Sich-Bewegens, Stellung des Körpers, Alter, Ansichten der Freundinnen usw.).

9 Die orientierungswirksame, lebenslaufstrukturierende Funktion, die biographisches Wissen auf den beruflichen Alltag von Sportlehrkräften hat, untersucht bspw. Reinartz (2004). Sie bedient sich dabei mittels biographisch narrativer Interviews erhobener Daten, die sie mit Hilfe eines von Dausien (1996) entwickelten Verfahrens analysiert.

Die individuelle Bewegungsbiographie ist immer auch kulturspezifisch ›eingefärbt‹, denn die Akteure eignen sich die vor-konstruierte Bewegungswelt deutend an. Vor-konstruiert ist die Bewegungswelt in dem Sinne, daß die Bewegungsumwelt bestimmte Handlungs- und Entfaltungsmöglichkeiten bietet und bestimmte kulturell geprägte Bewegungsmuster, -vorstellungen und -deutungen bereitstellt. Auch hierzu ein illustrierendes Beispiel:

Der 13jährige Tim spielt mit seinen Freunden Beachvolleyball auf einem öffentlich zugänglichen Beachvolleyballplatz im Wohngebiet. Sie spielen nach Regeln, die sie im Schulsport gelernt haben. Nach einer Weile verliert das Volleyballspiel seinen Reiz und die Jugendlichen beginnen im Sand herum zu tollen. Daraus entwickeln sie ›ihr Rugbyspiel‹, daß Tim folgendermaßen beschreibt:»NJA, pff, wir haben uns nur gedacht, daß wir auf die eine Spielfeld die zwei Mannschaft und die und daß wir immer den Ball abluchsen müssen und daß wir immer so so tschuu (imitiert mimisch und gestisch Spiel) ›Jetzt hab ich den Ball!‹ Und so. (…) Joa. Also das ist jetzt wie wir das spielen.« (Tim, Interview 07II, Zeile 685)[10]

Tim kann eigene Bewegungspräferenzen verfolgen, indem er innerhalb seines Wohngebietes bestimmte Orte aufsuchen kann, so z.B. den Fußballplatz, den Kletterfelsen, die Schwimmhalle oder eben den Beachvolleyballplatz. Er kann auf der Grundlage der materiellen Gegebenheiten auswählen, welcher Materialien bzw. technischer Geräte er sich bedient. Tim hat viele Freunde und Bekannte und kann entscheiden, mit wem er seine Zeit verbringen möchte. Vor-konstruiert könnte, wie in diesem Beispiel, bedeuten, daß Tim im Schulsport Volleyballspielen vermittelt bekommt, daß es im Wohngebiet einen öffentlich zugänglichen Beachvolleyballplatz gibt, daß man darauf nach bestimmten Regeln und mit einer bestimmten Körpertechnik *Beach*volleyball spielt und damit ein bestimmtes (medial transportiertes) *Feeling* verbunden ist. Er kann aus Bewegungsangeboten auswählen und vorgegebene Bewegungsformen abwandeln. Tim und seine Freunde nutzen die materiellen und sozialen Gegebenheiten ihrer Umwelt zunächst, um Beachvolleyball zu spielen. Im weiteren Verlauf kreieren sie jedoch aus vorliegenden Bewegungsvorstellungen (Beachvolleyball und Rugby) durch Umdeutungen und Abwandlungen *ihr* Rugbyspiel, nach ihren eigenen Bewegungspräferenzen und nach ihren eigenen Regeln. Sie eröffnen sich so die Möglichkeit, neue Bewegungserfahrungen zu machen und gestalten ihre Bewegungswelt aktiv mit. Der Beachvolleyballplatz ist für sie jetzt ein Ort, an dem sie Beachvolleyball *und* ihr Rugby spie-

---

10 Das Beispiel entstammt einem Interview mit einem dreizehnjährigen Hauptschüler. Auch dieses Beispiel dient hier ausschließlich illustrativen Zwecken.

len können. Er ist gleichzeitig ein Ort, an dem sie ganz bestimmte Bewegungserfahrungen gesammelt haben und innovativ neue sammeln können.

Anhand dieses Beispieles wird deutlich, was es heißen kann, daß sich Bewegungsbedeutung im Vollzug, im Bewegungshandeln erst konstituiert, denn die Jugendlichen sind nicht mit vorgefaßten Vorstellungen über ihr Rugbyspiel auf den Beachvolleyballplatz gegangen und erst während des Spielens entwickelten sie *ihr* Spiel und somit erfuhren sie auch dann erst, was es für sie bedeutet, *so* im Sand zu spielen. Dies vermittelt vielleicht eine Idee davon, daß Bedeutungen von Bewegung nicht in den Köpfen erzeugt werden, sondern in der Auseinandersetzung mit ökologischen Gegebenheiten, Gelegenheitsstrukturen und Sozialpartnern entstehen. Bedeutung wird im Handeln interaktiv hergestellt und praktiziert. Hier liegt eine Stärke bewegungsbiographischer Analysen, da durch sie in der Vergangenheit liegende Bewegungsvollzüge, in denen sich Bedeutung zeigt, und Deutungen der Akteure aus ihrer heutigen Perspektive rekonstruiert werden können.

Bewegungsbiographien von Hauptschülerinnen und Hauptschülern – Einblicke in ein laufendes Forschungsvorhaben

Nachdem die theoretischen Grundlagen umrissen sind, auf denen bewegungsbiographische Forschung basiert, möchte ich mein Forschungsvorhaben vorstellen, in dessen Mittelpunkt die Rekonstruktion von Bewegungsbiographien von Hauptschülerinnen und Hauptschülern steht. Wenn Sich-Bewegen verstanden wird als bedeutungsvolles Handeln, dann stellt sich gleichzeitig die Frage, was körperliches Bewegen für die Jugendlichen bedeutet, also was mit körperlichen Bewegungen und durch sie gesagt bzw. ausgedrückt wird. In den folgenden Ausführungen werde ich, unter besonderer Berücksichtigung der Datenerhebung, den Fokus auf das von mir verwandte methodische Instrumentarium legen, mit dessen Hilfe ich die Bedeutung, die für die Jugendlichen in den körperlichen Praktiken liegt, analysiere.

Problemstellung

Im Zentrum meines Forschungsvorhabens stehen Hauptschülerinnen und Hauptschüler im Alter von 13-17 Jahren. Einige Befunde sprechen dafür, sich Hauptschülerinnen und Hauptschülern gesondert zuzuwenden. Für die Mehrzahl der Kinder und Jugendlichen gilt, daß sie Interesse an und eine positive Einstellung zu sportiven Bewegungsaktivitäten haben. Immer noch zeichnen sich jedoch soziale Kriterien als ausschlaggebend für Sportengagement und Sportorientierung sowie die Gestaltung bewegungsbezogener Freizeitaktivitäten ab. Unterschiede zwischen Jugendlichen aus verschiedenen Schultypen liegen weniger am generellen Interesse und der Teilnahme an Bewegung und Sport, sondern vielmehr in der Gestaltung des Bewegungsengagements, demnach eher im unterschiedlichen Verständnis, in unterschiedlichen Wünschen und Vorstellungen von Sport und Bewegung (vgl. Frogner 1991). Aber welches Verständnis Hauptschülerinnen und Hauptschüler von Sport und Bewegung haben und wie sich dieses in ihren Bewegungsengagements im Lebensverlauf wiederfindet, ist kaum erforscht, da Hauptschüler und Hauptschülerinnen als Untersuchungsgruppe in der Sportwissenschaft bislang nur marginale Beachtung finden.[11]

Daraus ergeben sich mehrere Erkenntnisinteressen. Bewegungsbiographien von Hauptschülerinnen und Hauptschülern sollen beschrieben und aus einer biographischen Perspektive heraus verstanden werden. Mit Habermas/Paha (2001: 85) gesprochen, zielt biographisches Verstehen darauf, »die gegenwärtigen Besonderheiten einer Person, insbesondere diejenigen, die sich nicht aus der aktuellen Situation selbst erklären, dadurch zu einer Gestalt zu schließen und verständlich zu machen, daß man sie auf prägende Lebenserfahrungen bezieht«. Dabei rücken bewegungsbiographisch relevante Erfahrungen (»prägenden Lebenserfahrungen«) im Leben der Jugendlichen in den Blick, verbunden mit der Frage, welche (bewegungs-)biographischen Wissensbestände für Bewegungsengagements handlungsleitend werden und wie sie in Bewegungs- und Alltagshandeln eingreifen. Mit einer Zuwendung zu ›objektiven‹ Bedingungen kann gezeigt werden, wie die Jugendlichen die bereitgestellten Handlungs- und Entfaltungsspielräumen ihrer Umwelt wahrnehmen und welche Aspekte sie als förderlich oder hinderlich bei der individuellen Gestaltung ihrer Bewegungsengagements erleben.

Methodische Herangehensweise

Auswahl der Probanden

Die Hauptschülerinnen und Hauptschüler wohnen bis auf eine Ausnahme in einer großstädtischen Plattenbausiedlung unter ›objektiv‹ sehr ähnlichen lebensräumlichen Bedingungen. Den Zugang zu den Interviewten gewann ich über drei Mittelschulen im Untersuchungsge-

---

11 Recht gut erforscht sind Bewegungsbiographien und -karrieren jugendlicher (Hoch)Leistungssportler in institutionellen Kontexten (z.B. Baur 1989, Bräutigam 1993, Klein 1995, Richartz 1997). Dagegen liegen wenige Untersuchungen von ›Sondergruppen‹ vor. Ausnahmen bilden z.B. für Frauen Klein (1995), für Sehgeschädigte Schwier (1995), für Berufsschüler Hoffmann (2003). Die hier angeführten Forschungsstudien beziehen sich auf ganz unterschiedliche Theoriekonzepte.

biet. Die Auswahl der Probanden erfolgte durch qualitatives Sampling.[12] Grundlage für die Untersuchung bilden nunmehr 7 Hauptschülerinnen und 7 Hauptschüler im Alter von 13 bis 15 Jahren.[13]

Erhebungsmethoden
Wenn Sich-(sportiv)-Bewegen bedeutungsvolles Handeln ist und wenn sich seine Bedeutung im Tun zeigt, liegt die Schlußfolgerung auf der Hand, daß man eben dieses Tun erfassen muß, um Bedeutung zu analysieren. Im Allgemeinen stehen zwei Verfahren zur Verfügung, um Handeln von Menschen in ihrer Alltagspraxis und in ihrer Lebens- und Bewegungswelt zu erfassen. Zum einen kann das geschehen, indem man in ihre Lebenswelt per teilnehmender Beobachtung quasi ›eintaucht‹, zum anderen indem man Menschen über ihre Alltagspraxis befragt.

Die teilnehmende Beobachtung hat zum Ziel, möglichst längerfristig an der Alltagspraxis der zu Untersuchenden teilzunehmen und mit ihr vertraut zu werden, um die Beteiligten in ihren alltäglichen Vollzügen beobachten zu können. Diese Methode bietet den Vorteil, das alltägliche Sich-Bewegen der Jugendlichen und ihr Bewegungshandeln im aktuellen Vollzug zu erfassen. Verschiedene ethnographisch orientierte Forschungsarbeiten zeigen, daß Bewegungsbeobachtungen einen Zugang zu den in den alltäglicher und sportiver Bewegungen liegenden subjektiven Bedeutungen ermöglichen können.[14] Dieses Vorgehen soll

---

12 Da es sich bei Hauptschülern und Hauptschülerinnen um eine eher ›untersuchungsskeptische‹ Untersuchungsgruppe handelt, hat sich deren freiwillige Teilnahme an einer 2-jährigen Studie forschungspraktisch als stark selektierendes Kriterium erwiesen. Dies muß später bei der Interpretation der Daten beachtet werden. Einschränkend gilt zu erwähnen, daß ich in allen drei von mir angesprochenen Schulen keine Hauptschülerin fand, die im Sportverein engagiert ist, unabhängig davon, ob sie an der Studie teilgenommen hätte oder nicht.

13 13-15jährige stellen für die sportwissenschaftliche Forschung eine interessante Altersgruppe dar, da hier eine verstärkte Hinwendung zu, Abwendung von bzw. Wechsel der sportiven Bewegungspraxen erfolgt (vgl. z.B. Hasenberg/Zinnecker 1996 und Menze-Sonneck 2000).

14 Es gibt gute Beispiele ethnologischer Forschungen, die aus Beobachtungen hervorragende dichte Beschreibungen über das *Wie* bestimmter Bewegungspraxen liefern. Auf das Handlungsfeld Sport bezogen bedienen sich bspw. Frei/Lüsebrink/Rottländer/Thiele (2000), Hunger (2000) oder Schwier (1995) der teilnehmenden Beobachtung, um bedeutungsvolle Prozesse in ihrem Forschungsfeld aufzuspüren. Bei Bewegungsbeobachtungen fertigt der Forscher am Ende ein Beobachtungsprotokoll an, d.h. er verschriftet die Beobachtungsdaten und erhält am Ende einen Text. Zwar ist die Herkunft dieses Textes klar zu unterscheiden von der Herkunft der Interviewtranskripte, jedoch erfolgt die anschließende Auswertung aufgrund von Textinterpretationen und damit bestehen für die Auswertung

jedoch, obwohl reizvoll, nicht weiter verfolgt werden, denn bei biographischen Analysen kann die teilnehmende Beobachtung nur begrenzt Mittel der Wahl sein, da Ereignisse im Zentrum stehen, die sich zum Teil weit in der Vergangenheit begeben haben, an denen der Forscher nicht teilhaben konnte.

Der Forscher muß sich auf das verlassen, was die Beteiligten ihm über ihre Vergangenheit mitteilen. Als Methode der Datenerhebung bietet sich die Befragung an und hier besonders das qualitative Interview, weil es ermöglicht, Interaktionszusammenhänge herzustellen, in denen die Untersuchten ihre subjektiven Perspektiven auf ihre Alltagspraxen darstellen können.[15] Da es jedoch diverse Interviewverfahren gibt, die die Erfassung subjektiver Erfahrung ermöglichen, muß zunächst gefragt werden, welcher Art von Erfahrungen[16] das Forschungsinteresse gilt. Wie bereits erwähnt, möchte ich das Tun der Jugendlichen und ihre damit verbundenen subjektiven Deutungen erfassen. Dies gelingt am besten, indem sie von gegenwärtigen und vergangenen Bewegungsereignissen erzählen. Diese Erzählungen haben den Vorteil, daß die Jugendlichen ein Ereignis aus ihrer damaligen Perspektive beschreiben, also im Erzählen emotional nah an dem damaligen Geschehen ›dran‹ sind. Gleichzeitig tragen sie Deutungen aus der Perspektive zum Zeitpunkt der Erzählung, aus ihrem aktuellen Selbstverständnis, an das damalige Geschehen heran. D.h. sie beschreiben das Ereignis aus der damaligen Perspektive der Ereignisbeteiligung heraus und zugleich stellen sie es aus der Perspektive der Ereignisverarbeitung dar (vgl. Wiedemann 1990: 349). Ebenso gehen die eigenen Selbstdarstellungswünsche und die antizipierten Adressatenerwartungen in die Erzählungen ein.

Durch Gespräche mit den Jugendlichen über ihr Sich-Bewegen ist zwar kein Zugriff auf ihr aktuelles Bewegungshandeln möglich, aber die Jugendlichen können über vergangenes Bewegungshandeln aus ihrer Erinnerung erzählen. Sie können darüber erzählen, was sie taten, wie sie es taten, wie sie ihr Sich-(sportiv)-Bewegen wahrgenommen haben und wahrnehmen, welche lebensgeschichtlichen Erinnerungen

---

von Beobachtungen ähnliche Schwierigkeiten wie für das Auswerten von Interviews.

15 Andere Zugänge zur Bedeutungsanalyse als den von mir favorisierten wählte z.B. Bähr (2003) und Schäfer (2003). Bähr (2003) befragt in ihrer Untersuchung Kletterer mit Hilfe eines semantischen Differentials zu ihrem Bewegungserleben. Schäfer befragt Jugendliche direkt nach der Bewegungsausführung nach ihren Gefühlen und Gedanken, die sie während des Bewegungsvollzugs hatten.

16 Wiedemann bezeichnet sie als Erfahrungsgestalten, als »kognitive Organisationseinheit mit einer bestimmten Binnenstruktur [...], in der Wissens-bzw. Erfahrungsbestände repräsentiert sind« (Wiedemann 1990: 343).

und subjektive Erfahrungen sie damit verbinden und in welche sozio-
ökologischen Kontexte ihr Bewegungshandeln eingebettet war. Damit
ermöglichen sie Zugriff auf *den* Teil ihrer Bewegungserfahrungen, der
erinnerungs-, verbalisierungs- und bewußtseinsfähig ist und den sie im
Interview preisgeben können und wollen.[17] Um gehaltvolle Informationen über die bewegungsbiographischen Wissensbestände zu erhalten, muß zum einen geklärt werden, worüber die Jugendlichen Auskunft geben können und zum anderen, welche Fragen geeignet sind,
ihr Wissen zu aktivieren.[18] Als geeignet schien mir eine Befragung der
Hauptschülerinnen und Hauptschüler mit Hilfe biographisch orien-
tierter, problemzentrierter Interviews (vgl. Witzel 2000), da auf der einen Seite verschiedene vorab festgelegte Themenbereiche angesprochen werden können und den Jugendlichen dennoch großer Raum für
die Darstellung ihrer Erinnerungen und ihrer subjektiven Ansichten
(z.B. über ihr Sich-Bewegen) geboten wird.

Die Jugendlichen werden in mehreren Erhebungswellen über zwei
Jahre lang nach ihren Erinnerungen an vergangene und aktuelle, alltägliche und sportive Bewegungsengagements und ihren damit ge-
machten subjektiven (Bewegungs-)Erfahrungen befragt. Dabei sollen
die Interviewten zu möglichst vielen Beschreibungen und Erzählungen
im Zusammenhang mit (sportiver) Bewegung angeregt werden und einen großen Spielraum für die Darstellung ihrer eigenen Sichtweisen
erhalten. Da aktuelle Bewegungsengagements mit den vorfindlichen
Gelegenheitsstrukturen der materiellen und sozialen Umwelt, also z.B.
anderen Alltagsangelegenheiten wie familiäre, schulische Anforderungen, Freundeskreis, Wohnumfeld, abgestimmt werden müssen (vgl.
Hildebrandt-Strahmann 2001), versuche ich in den Interviews, den Le-
benszusammenhang möglichst umfassend mit zu erheben. Zusätzlich
zum Interview füllten die Jugendlichen in der ersten Befragungswelle

---

17 Abraham betont die Schwierigkeit, wenn nicht gar Unmöglichkeit, vor-
sprachliche, genuin leibliche (Lebens-)Erfahrungen sprachlich mitzuteilen,
also in Erzählungen über den Körper festzuhalten. Sie begründet dies mit
einer »doppelten Wahrnehmungsfalte«, in dem sich der Körper befindet.
Zum einen sei er Basis des Denkens, Fühlens und Handelns und zum anderen sei er dem Subjekt so vertraut, daß er schwer reflektierbar sei und
nur unter besonderer Anstrengung zum Thema gemacht werden könne.
Zudem existierten kaum sprachliche Muster und Erzählformen, auf die
die Subjekte bei Erinnerungen an und Erzählungen über den Körper zurückgreifen können, so Abraham (2002: 30ff.).
18 Bei der Auswahl der geeigneten Interviewstrategie orientierte ich mich an
den Vorschlägen Wiedemanns (1990: 343ff.), der fünf unterschiedliche Erfahrungsgestalten jeweiligen Textsorten und darauf abzielenden Fragety-
pen zuordnet. Daraus läßt sich auf die Interview- und Frageformen schließen, die dem Erkenntnisinteresse am besten gerecht werden.

ein Freundschaftsnetz, einen Wochenplan und einen Raumplan aus. In der zweiten Befragungswelle kann auf die bisherigen Aussagen der Jugendlichen Bezug genommen werden. Unklarheiten können angesprochen und einige Aspekte (z.b. Verlaufsdaten) kommunikativ validiert, andere vertieft und ausgeweitet werden. Im Mittelpunkt der zweiten Interviewwelle stehen Entwicklungen und Veränderungen im Leben der Jugendlichen mit besonderem Fokus auf ihren Bewegungsengagements. Zudem werden Bilder von Sport und Körper eingesetzt, mit deren Hilfe die Jugendlichen zu weiteren Erzählungen über ihre Körper- und Bewegungserfahrungen angeregt werden (fotogeleitete Hervorlockung). Im Gegensatz zum ersten Interview in der Schule findet die zweite Befragungswelle bei den Probanden zu Hause statt.

Probleme ergaben sich bislang bei den Interviews vor allem in der unterschiedlichen Erinnerungs- und Verbalisierungsfähigkeit der Befragten. So war es bei einigen Probanden sehr schwierig, Antworten auf offene Fragen zu erhalten, was mich veranlaßte, erleichternde Vorgaben zu machen, Bilder einzusetzen oder szenisch mit den Jugendlichen zu spielen, um Auskünfte über das ›scheinbar Unsagbare‹ zu erhalten.[19]

Datenauswertung

Die transkribierten Interviews enthalten verschriftete Erzählungen über erinnerte Bewegungserlebnisse. D.h. auch, daß es sich bei den verbalen Daten nicht um die Wahrnehmungen und Gefühle der Jugendlichen während ihres Bewegens handelt, sondern um begriffliche Re-Konstruktionen ihrer Wahrnehmung, Gefühle und Erinnerungen. Erfahrungsmöglichkeiten, die auch ohne begriffliche Einordnung ›sinnvoll‹ werden und eine Bedeutung erhalten (vgl. Franke 2001: 307ff.), sind durch Interviews nicht direkt zu erfassen, ebenso wenig Körpererfahrungen, die unbewußt bzw. vor-sprachlich prä-reflexiv sind und sozusagen hinter dem Rücken der Akteure prozeßbestimmend wirken.

Wie kann aber nun Bedeutung aus den Aussagen der Jugendlichen herausgearbeitet werden? Wie bereits erwähnt, ist ein Zugriff auf Bedeutung nie direkt möglich, sondern es bedarf stets einer Interpretation der in welcher Form auch immer vorliegenden Daten. Nun gibt es aber besser und schlechter geeignete Daten für die Bedeutungsrekonstruktion. Wenn Bewegungskultur und damit Bewegungsbedeutung im Bewegungshandeln seinen Ausdruck findet, dann sind ›bessere Daten‹ Beschreibungen oder Erzählungen von den eigen erlebten Bewegungs-

---

19 Auf mögliche schicht- bzw. milieuabhängige Unterschiede in der Erzählkompetenz der Befragten sowie der sprachlichen, milieuspezifischen und kulturellen Unterschiede zwischen Forscher und Proband weisen bspw. Fuchs (1984), Bohnsack (2003: 100f.) oder Diezinger (1995: 272) hin.

situationen und nicht etwa Beschreibungen darüber, wie man das im allgemeinen tut oder tun sollte. In diesen erzählten konkreten Bewegungsepisoden liegen Erfahrungen in ursprünglicher Form vor, weil sie aus der Perspektive der Ereignisbeteiligung dargestellt werden (vgl. Wiedemann 1990: 344). Aus diesem im Interview hervorgelockten Erzählungen über Erlebnisse, in die Bewegungspraxen eingebettet sind, muß in einem nächsten Schritt Bedeutung ›herausgelesen‹ werden. Hierzu stehen unterschiedliche qualitative Auswertungsmethoden zur Verfügung, um methodengeleitet eine Rekonstruktion der Bedeutungs- und Sinnschichten zu ermöglichen. Dies sind z.b. die qualitative Inhaltsanalyse, Grounded Theory, Sequenzanalyse, Narrationsanalyse, themenzentriert-komparative Auswertungsverfahren oder daran anlehnende Verfahren.[20] Allerdings hängt der Erkenntnisgewinn nicht allein von dem ausgewählten Auswertungsverfahren ab. Es bietet ›nur‹ den Rahmen für eine strukturierte, methodisch kontrollierte Vorgehensweise, ersetzt jedoch nicht die eigenständigen Interpretationsleistungen der Forscher.

Im Sinne der Angemessenheit (Fragestellung, Material, zeitlicher und personeller Aufwand) analysiere ich das Interviewmaterial mit Hilfe der qualitativen Inhaltsanalyse (vgl. Mayring 2000). Bei der qualitativen Inhaltsanalyse handelt es sich um ein Auswertungsverfahren, das das zu analysierende Material in seinem Kommunikationszusammenhang eingebettet versteht, sich durch seine besondere Systematik und Regelgeleitetheit auszeichnet und Gütekriterien (z.B. Intercoderreliabilität) ernst nimmt (vgl. Mayring 2000: 468ff.) In einem ersten Schritt wird das Datenmaterial mittels deduktiv aus der Theorie abgeleiteter Kategorien strukturiert, zum Beispiel nach Aussagen zum Verlauf von Bewegungsengagements, zum sozialen und personalen Kontext oder zu Erzählungen über konkrete Bewegungserfahrungen und Bedeutungszuschreibungen. In einem zweiten Schritt werden Kategorien induktiv aus dem Material entwickelt und in den Codierleitfaden aufgenommen. Beide Analyseschritte erleichtern die Anfertigung der vorläufigen Einzelfallporträts, welche den bewegungsbezogenen Biographieverlauf, Daten über das soziale und materiale Umfeld sowie die im Interview geäußerten subjektiven Konstruktionen der Jugendlichen enthalten. Die Deutungen der Jugendlichen werden deskriptiv erfaßt und

---

20 Mittels Sequenz- und Narrationsanalyse versucht bspw. Abraham (2000) die Rekonstruktion von latenten Sinnschichten vorzunehmen. Frei/Lüsebrink/Rottländer/Thiele (2000) bedienen sich der Grounded Theory zur Analyse von Relevanzstrukturen und Sinndeutungen von Kunstturnerinnen. Schwier (1995) verwendet die themenzentriert-komparative Auswertungsmethode, um Bedeutungsgehalte herauszuarbeiten, die sportive Bewegungen für Sehgeschädigte haben.

als ihre Selbst-Konstruktionen ernst genommen. Auf dieser Ebene soll jedoch nicht stehen geblieben werden, sondern tiefergehend wird gefragt, unter welchen (biographischen) Bedingungen und auf Grundlage welcher biographischer Erfahrungen es zu diesen Konstruktionen gekommen ist, welche Funktion sie für die Jugendlichen erfüllen und welche vom Jugendlichen nicht direkt verbalisierten Bedeutungsgehalte auffindbar sind. Antworten darauf zeigen sich in der Art und Weise, wie und in welchem Kontext die Jugendlichen von und über ihre Bewegungs- und Körpererlebnisse bzw. -erfahrungen sprechen. Bspw. können Bewegungserlebnisse in Erzählungen im Rahmen von Angst, Enttäuschung, Ablehnung, körperlicher Schädigung, Erfolg, Aufregung (Thrill/Kick), Neugier etc. thematisiert werden. Diese Erzählungen lassen Rückschlüsse auf Gefühle, Erlebensweisen und Haltungen bezüglich ihres Körpers und ihres Bewegungshandelns zu (vgl. auch Abraham 2001). Anhand des weiteren bewegungsbiographischen Verlaufs kann herausgearbeitet werden, wie diese biographischen Wissensbestände das Bewegungshandeln beeinflussen. An das Interviewmaterial bzw. ausgewählte Textpassagen werden verschiedene Lesarten herangetragen. Sie werden in einer Forschungsgruppe diskutiert und sollen am Ende zu möglichst plausibel auf das Material bezogenen Bedeutungs- und Sinn-Rekonstruktionen führen.

An einem Beispiel einer Interviewsequenz möchte ich verdeutlichen, wie sich eine mögliche Lesart im Gang durch das Material entwickelt:

Torsten berichtet im Interview von seinen Freizeitaktivitäten. Er erzählt, daß er oft Fahrrad fährt und dabei auch weit über die Grenzen des Wohngebietes hinaus manchmal über eine Stunde unterwegs ist.

> I: Mmh. Das is schon ganz schön lange. Du mußt ja immer auch irgendwie wieder./
>
> T: Na wir ham ja auch vor mal an die Ostsee zu fahren.
>
> I: Mhm.
>
> T: mit dem Fahrrad. Von hier bis zur Ostsee und wieder zurück.
>
> I: OH!
>
> T: Mach mer in den Sommerferien.
>
> [...]
>
> T: Na ich schätze erstmal, das wir uns übelst lang, übelst weit verfahren erstmal.
>
> I: Mmh.
>
> T: Und dann, puuh. Ich denke mal nich, das wir oben ankommen. (lächelt)
>
> I: Aha.
>
> T: Weil mit´m Fahrrad./ mit´m Auto braucht man ja (-) ungefähr (-) vier fünf Stunden oder so. Wenn mer dann mit´m Fahrrad

fahren und zwischendurch noch'ma was essen oder so oder ma, was weiß ich noch irgendwas, ma aufs Klo muß oder so. #Mmh.# Na denk ich ma, sin mer viellei (-) in vier oder fünf Tagen oben.

I: Mhm.

T: Und dann wieder runter. (-) Oder viellei fahrn 'mer auch bloß bis zur Hälfte.

I: Ja. Wär das schlimm für dich, wenn ihr nur bis zur Hälfte fahrt?

T: Nö. Ich möchte ja erstma irgendwie weit weg fahren, aber wieder zurück.

I: Mhm.

T: War auch schon in X-Stadt . Mit Fahrrädern.

[...]

T: Da wollt ich erst allene mal hinterfahren. Weil ne halbe Stunde mit'm Auto, viellei mit'm Fahrrad fünf Stunden oder so.

I: Mhm.

T: Ich weeß ja nich. Und (-) puuh, eenma hab ich's gemacht. Aber dann hat ich keene Lust mehr, nach heeme zu fahren. (Lachen.)

I: Mhm. Und wie biste dann wieder heim gekommen?

T: Mein Vati hat mich abgeholt. (-) Das war mir dann zu viel. So dann geschwitzt und so. Das war ja im Sommer.

[...]

I: Wie ging dir's danach, als du dann angekommen bist? Wie./

T: Ich musst erstma was essen (-) und trinken und so. Da hab ich mich erstma bei meiner Cousine oben / die ham, die hatte zwei Betten, 's Gästebett und für sich selbst. Da hab ich mich erstma ins Gästebett gelegt und hab geschlafen. #Mhm.# Das war mir dann zu viel.[21]

Torsten entwickelt zunächst einen Zukunftsplan, den er sogar zeitlich präzisiert. Er ist sich im Klaren darüber, daß das ein ungewöhnliches Vorhaben ist (mit der er auch die Interviewerin beeindrucken kann). Seine Trainingstouren innerhalb der Stadt wertet er gegenüber des anstehenden großen Vorhabens als kaum erwähnenswert, quasi als ›Kinderspiel‹ ab. Torsten scheint sich körperlich und geistig, in Sachen Ausdauer, Kraft, Durchhaltevermögen etc., in der Lage zu fühlen, ein solches Vorhaben bereits im Sommer in Angriff zu nehmen. Sein Selbstbild als Radfahrer scheint sehr positiv zu sein.

Im weiteren Interviewverlauf legt Torsten seine Vorstellungen über die zukünftige Tour dar. Hier deutet sich an, daß Torsten daran zweifelt, die Tour wirklich zu schaffen. Er begründet dies mit dem fehlenden Orientierungswissen der Beteiligten und mit der langen Strecke,

---

21 Torsten (Interview 6I, Zeile 44-108). Die Markierungen mit [...] kennzeichnen Auslassungen im Interviewtranskript.

für die seine/ihre Ausdauer eventuell doch nicht ausreicht. Dabei relativiert er sowohl sein Können als auch das gesamte Vorhaben.

Seine Vision von der Tour ist negativ konnotiert. Von Spaß oder Freude ist nirgends die Rede, sondern Torsten spricht von der Tour in Worten der Entbehrung, Aufopferung, Anstrengung und des Versagens (»verfahren«, »nicht oben ankommen«). Pausen räumt er sich nur für die Befriedigung existentieller Bedürfnisse ein. Für Torsten scheint es nicht primär darum zu gehen, an die Ostsee zu fahren, sondern vielmehr einen weiten Weg zurück zu legen, den er auch wieder zurück schafft (»*aber* wieder zurück«).

Aus der anschließenden Erzählung über seine Fahrradtour zu seiner Tante in die ca. 20 km entfernte X-Stadt wird deutlich, warum Torsten das ›Zurückkommen‹ so wichtig ist und warum er so eine von Leiden geprägte Vision der Ostseetour entwirft. Die Tour nach X-Stadt endet für ihn mit der Erfahrung, total ausgepowert, durstig und hungrig zu sein und nicht mehr aus eigener Kraft nach Hause zu kommen. Er muß sich wider seines Vorhabens von seinem Vater abholen lassen. Torsten gewinnt bei dieser Tour die schmerzliche Erkenntnis, sich übernommen zu haben und gescheitert zu sein.

Die Gesamtsequenz läßt sich mit Kenntnis dieser biographischen Erfahrung anders einordnen. Torsten leitet sowohl seinen Zukunftsplan als auch seine Erzählung von der Tour nach X-Stadt mit einer Heldengeschichte ein (aufsehenerregender Zukunftsplan, alleinige Tour zur Tante), die sich im weiteren Verlauf jedoch eher als Geschichte des Scheiterns herausstellt (nicht ankommen, halbe Strecke, nicht zurückkommen, vom Vater abgeholt werden). Die geplante Fahrradtour könnte die erlittene Schmach der letzten Tour ›ausbügeln‹, sein Versagen kompensieren und er könnte vor sich selbst wieder Ansehen gewinnen, als jemand, der in der Lage bzw. fähig ist, eine weite Tour durchzustehen und (erfolgreich) zu beenden. Die Ostseetour ist somit weniger Ausdruck seines positiven Selbstbildes als Radfahrer, sondern bedeutet für ihm vielmehr die (Wieder)Herstellung eines solchen Selbstbildes.

Fazit

In der Einleitung wurde die Frage nach methodischen Instrumentarien zur Bedeutungsrekonstruktion aufgeworfen und spätestens im Fazit wird eine Bilanzierung dessen erwartet, was nach dem Einblick in die qualitative Biographieforschung, der Vorstellung des Konstrukts Bewegungsbiographie und der Darlegung des von mir favorisierten methodischen Ansatzes zur Beantwortung dieser Frage beiträgt. Nun denn: was also bleibt? Es gibt nicht *den* methodischen Königsweg, um in verschiedenen körperlichen Praktiken liegende bzw. praktizierte Bedeutungen zu analysieren, sondern es gibt mehrere Erhebungs- und Auswertungsmethoden. Soweit ist das keine überraschende Erkenntnis. Wichtig scheint mir allerdings, Erhebungsmethoden zu wählen, die in der Lage sind, den Bewegungsvollzug in seinem Alltagskontext zu erfassen – ob aktuell oder retrospektiv. Eine Möglichkeit, wie Bewegungspraxis retrospektiv erfaßt werden kann, wurde mit dem biographisch orientierten problemzentrierten Interview ausführlicher beschrieben. Diese Erhebungsmethode ermöglicht, Erzählungen über Bewegungserinnerungen und -erfahrungen zu generieren, denn in diesen, auch das sollte der Artikel deutlich machen, kommt Bewegungsbedeutung zum Ausdruck. Um Bedeutung daraus zu rekonstruieren, bedarf es interpretativ verfahrender Analysen. Auch hier gibt es, wie nicht anders zu erwarten, kein methodisches Patentrezept, sondern Anregungen bei der Suche nach einem gegenstandsangemessen Verfahren, dessen Adäquatheit sich erst im jeweiligen Forschungsprozeß, also in seiner Anwendung zeigt. Das ist kein Plädoyer für ein Vorgehen nach dem Prinzip ›trial and error‹, sondern dafür, die Anregungen, die in biographisch und ethnographisch orientierten sportwissenschaftlichen Forschungsarbeiten bereits vorliegen, gewinnbringend zu nutzen.

Literatur

Abraham, Anke (2000): *Lebensgeschichten und Körpergeschichten. Ein wissenssoziologischer Beitrag zur Erforschung des Körpererlebens im biographischen Kontext und des ›Alltagswissens‹ über den Körper.* Habilitationsschrift, vorgelegt an der Universität Dortmund.

Abraham, Anke (2001): »Bewegung und Biographie«. In: Klaus Moegling (Hg.), *Integrative Bewegungslehre, Teil I*, Immenhausen: Prolog, S. 179-198.

Abraham, Anke (2002): »Lebensgeschichten und Körpergeschichten«. In: Elflein et al. 2002, S. 30-49.

Baur, Jürgen (1989): *Körper- und Bewegungskarrieren. Dialektische Analysen zur Entwicklung von Körper und Bewegung im Kindes- und Jugendalter*, Schorndorf: Hofmann.

Bähr, Ingrid (2003): »Zur empirischen Erfassung von Bewegungskultur(en) am Beispiel ›weiblicher‹ und ›männlicher‹ Bewegungsqualität«. Unter: *http://ftp.uni-bremen.de/pub/Uni-Bremen/Departments/sport/bewegkultur/* (Zugriff am 15.05.2004).

Behnken, Imke/Zinnecker, Jürgen (Hrsg.) (2001): *Kinder – Kindheit – Lebensgeschichte. Ein Handbuch.* Seelze-Velber: Kallmeyersche Verlagsbuchhandlung.

Bohnsack, Ralf (2003): *Rekonstruktive Sozialforschung. Einführung in qualitative Methoden* (5. Aufl.), Opladen: Leske & Burdrich.

Bräutigam, Michael (1993): *Vereinskarrieren von Jugendlichen*, Köln: Sport und Buch Strauss.

Dausien, Bettina (1996): *Biographie und Geschlecht. Zur biographischen Konstruktion sozialer Wirklichkeit in Frauenlebensgeschichten*, Bremen: Donat.

Diezinger, Angelika (1995):»Biographien im Werden: Qualitative Forschung im Bereich von Jugendbiographieforschung«. In: Eckard König/Peter Zedler (Hg.), *Bilanz qualitativer Forschung. Band 2*, Weinheim: Deutscher Studien Verlag, S. 265-288.

Ecarius, Jutta (2003):»Biografie, Lernen und Familienthemen in Generationsbeziehungen«. In: *Zeitschrift für Pädagogik* 48, H. 4, S. 534-559.

Elflein, Peter/Gieß-Stüber, Petra/Laging, Ralf/Miethling, Wolf-Dietrich (Hg.) (2002): *Qualitative Ansätze und Biographieforschung in der Bewegungs- und Sportpädagogik*, Butzbach-Griedel: Afra-Verlag

Fikus, Monika/Schürmann, Volker (2003):»Zur kulturellen Formatierung von Bewegungsweisen. Dichte Beschreibungen in der Sportwissenschaft«. Unter: *http://ftp.uni-bremen.de/pub/Uni-Bremen/Departments/sport/bewegkultur/* (Zugriff am 15.05.2004)

Flick, Uwe/von Kardorff, Ernst/Steinke, Ines (Hg.) (2000): *Qualitative Forschung. Ein Handbuch*, Reinbek: rowohlt.

Flick, Uwe/von Kardorff, Ernst/Steinke, Ines (2000a):»Was ist qualitative Forschung? Einleitung und Überblick«. In: Flick/Kardorff/Steinke (2000), S. 13-29.

Franke, Elk (2001):»Erkenntnis durch Bewegung«. In: Volker Schürmann (Hg.), *Menschliche Körper in Bewegung. Philosophische Modelle und Konzepte der Sportwissenschaft*, Frankfurt a. M., New York: Campus, S. 307-332.

Frei, Peter/Lüsebrink, Ilka/Rottländer, Daniela/Thiele, Jörg (2000): *Belastungen und Risiken im weiblichen Kunstturnen. Teil 2: Innensichten, pädagogische Deutungen und Konsequenzen*, Schorndorf: Hofmann.

Frogner, Eli (1991): *Sport im Lebenslauf: eine Verhaltensanalyse zum Breiten- und Freizeitsport*, Stuttgart: Enke.

Habermas, Tilmann/Paha, Christine (2001):»Frühe Kindheitserinnerungen und die Entwicklung biographischen Verstehens in der Adoleszenz«. In: Behnken/Zinnecker 2001, S. 84-99.

Hasenberg, Georg/Zinnecker, Jürgen (1996):»Sportive Kindheiten«. In: Jürgen Zinnecker/Rainer K. Silbereisen (Hg.), *Kindheit in Deutschland. Aktueller Survey über Kinder und ihre Eltern*, Weinheim und München: Juventa, S. 105-136.

Hildebrandt-Stramann, Reiner (2001):»Bewegungsbiographien heutiger Kindheit«. In: Behnken/Zinnecker 2001, S. 872-893.

Hoffmann, Andreas (2003): *Jugendliche Freizeitstile – dynamisch, integrativ und frei wählbar? Explorative Einzelfallstudien zu Funktionen und intraindividuellen Verläufen von Freizeitstilen Jugendlicher vor dem Hintergrund der Lebensstilforschung*, Berlin: Logos-Verlag.

Hunger, Ina (2000): *Handlungsorientierung im Alltag der Bewegungserziehung. Eine qualitative Studie*, Schorndorf: Hofmann.

Klein, Marie-Luise (1995): ›*Karrieren‹ von Mädchen und Frauen im Sport*, Sankt Augustin: Academia.

Krüger, Heinz-Hermann/Grunert, Cathleen (2001): »Biographische Interviews mit Kindern«. In: Behnken/Zinnecker 2001, S. 129-142.

Krüger, Heinz-Hermann/Marotzki, Winfried (Hg.) (1999), *Handbuch erziehungswissenschaftliche Biographieforschung*, Opladen: Leske & Budrich.

Marotzki, Winfried (1999): »Forschungsmethoden und -methodologie der Erziehungswissenschaftlichen Biographieforschung«. In: Krüger/Marotzki 1999, S. 109-134.

Marotzki, Winfried (2000): »Qualitative Biographieforschung«. In: Flick/ Kardorff/Steinke (2000), S. 175-186.

Mayring, Phillip (2000): »Qualitative Inhaltsanalyse«. In: Flick/Kardorff/ Steinke (2000), S. 468-474.

Menze-Sonneck, Andrea (2000): »Zwischen Einfalt und Vielfalt. Die Sportvereinskarrieren weiblicher und männlicher Jugendlicher in Brandenburg und Nordrhein-Westfalen«. In: *Sportwissenschaft* 32, S. 147-169.

Reinartz, Vera (2004): »Biographische Wissensbestände als Ressource sportpädagogischen Handelns«. In: Matthias Schierz/Peter Frei (Hg.), *Sportpädagogisches Wissen. Spezifik – Transfer – Transformationen*, Hamburg: Czwalina, S. 154-163.

Richartz, Alfred (1997): »Stationen jugendlicher Hochleistungssportkarrieren. Biographische Muster in Ost- und Westdeutschland im qualitativen Vergleich«. In: Jürgen Baur (Hg.), *Jugendsport. Sportengagements und Sportkarrieren*, Aachen: Meyer & Meyer, S. 131-149.

Rosenthal, Gabriele (1995): *Erlebte und erzählte Lebensgeschichte. Gestalt und Struktur biographischer Selbstbeschreibungen*, Frankfurt a.M., New York: Campus.

Schäfer, Ruth (2002): »Die Bewegungsbedeutung im Jugendalter in der sportpädagogischen Forschung«. In: Elflein et al. 2002, S. 167-175.

Schulze, Theodor (1999): »Erziehungswissenschaftliche Biographieforschung. Anfänge – Fortschritte – Ausblicke«. In: Krüger/Marotzki 1999, S. 33-56.

Schwier, Jürgen (1995): *Spiel- und Bewegungskarrieren sehgeschädigter Kinder*, Hamburg: Czwalina.

Welzer, Harald (2002): »Was ist das autobiographische Gedächtnis, und wie entsteht es?« In: BIOS 15, H. 2, S. 169-186.

Wernsierski, Hans-Jürgen v. (1999): »Biographische Forschung in der Sozialpädagogik«. In: Flick/Kardorff/Steinke (2000), S. 433-454.

Wiedemann, Peter M. (1990): »Qualitative Forschungsmethodik«. In: Inge Seiffge-Krenke (Hg.), *Krankheitsverarbeitung bei Kindern und Jugendlichen*, Berlin u. a.: Springer, S. 333-374.

Witzel, Andreas (2000, Januar): »Das problemzentrierte Interview«. In: *Forum Qualitative Sozialforschung/Forum: Qualitative Social Research* (On-line Journal), 1(1). *http://www.qualitative-research.net/fqs-texte/1-00/1-00witzel-d.htm* (Zugriff am: 25.03.2003).

VOLKER SCHÜRMANN

Grenzen der Sprache

In unserem Beitrag *Sprache der Bewegung* (Fikus/Schürmann i.d.B.) haben wir programmatisch eine zeichentheoretische Konzeption menschlicher Bewegung vertreten. Der Grundsatz lautet, daß auch körperliche Bewegungen Zeichen eines je besonderen Zeichensystems, einer je besonderen Bewegungskultur sind. Dann ist das Sprechen einer Sprache eine Art Prototyp dessen, was für uns *Kultur* heißt und was es heißt, eine Kultur zu verstehen.

Nun klingt das ein wenig so, als wollten wir sagen, daß eine Bewegungskultur eine Sprache ist. Das steht da zwar nicht – denn da steht, daß ›Sprache‹ ein *Modell* ist für das, was eine Kultur sei und für das, was es heißt eine Kultur zu verstehen –, aber das Klima, in dem der *cultural turn* seine Wellen schlägt, ist gelegentlich etwas schwül. Daß es eines *Modells* bedarf, um Irgendetwas zu verstehen, kann in zwei Richtungen hin geleugnet werden – metaphysisch-realistisch und als Banalisierung.

Daß exzentrisch positionierte Wesen – Kant sprach noch schlicht von uns Menschen – keinen unmittelbaren, sprich: unvermittelten Zugang zur Welt haben, sondern daß *all* unser Tun ein Umgang mit Phainomena, und nicht mit Dingen an sich selbst ist, gilt heutzutage in den feineren theoretischen Kreisen schon fast als Banalität. Dort zeigt man den sogenannten metaphysischen Realisten naserümpfend die kalte Schulter – und auch ich will nicht in die Kälte vermeintlich ausrechenbarer geschichtlicher Gesetzmäßigkeiten zurück. Nimmt man den Kantschen Grundsatz aber als Banalität, und nicht als streitbare These, dann kann man durch die Modellhaftigkeit unseres Tuns (im mathematischen Sinn) kürzen. Schwül wird das Klima des *cultural turn* dann, wenn es nicht nur heißt, Kulturen *wie* Sprachen zu verstehen, sondern wenn man – klammheimlich kürzend – Kulturen so traktiert, als *seien* sie Sprachen.

Und dann macht ein klärendes Gewitter die Sache erheblich erträglicher. Alkemeyer (1997: 366) hat die fällige Abgrenzung klar und deutlich formuliert – wir können es nur wiederholen und unterstreichen: »Folgt man Eco, so erforscht die Semiotik nicht nur alle Kulturphänomene *als* Zeichensysteme, sondern geht auch von der Hypothese aus, ›daß in Wirklichkeit alle Kulturphänomene Zeichensysteme *sind*, d.h. daß Kultur im wesentlichen Kommunikation ist‹ [Eco]. Diese Auffassung zu akzeptieren, heißt aber, die gesamte kulturelle Welt als ein Universum des symbolischen Austauschs zu betrachten.«

Wir meinen also *nicht*, daß Bewegungskulturen Sprachen sind, d.h. wir meinen nicht, daß menschliche Bewegungen darauf *reduzierbar* sind, Akte von *Kommunikation* zu sein. Bewegungskulturen *wie* eine Sprache zu verstehen, möchte nicht leugnen, daß es in Zeichensystemen durchaus un-kommunikative resp. un-kulturelle Momente gibt, wie »zum Beispiel die ungleiche Verteilung von ökonomischem, kulturellem und sozialem Kapital in einer Gesellschaft, die jeweiligen Produktionsverhältnisse usw.« (Alkemeyer 1997: 367). Wer heutzutage von ›Bewegungskulturen‹ redet, darf von der Kulturindustrie nicht schweigen. Auch Bewegungskulturen sind technologisch-industriell implementiert (vgl. anschaulich Bockrath 2001: insbes. 98ff.) – und das ist mehr und anderes als Kommunikation.

Doch es nicht so zu *meinen*, hilft im Zweifel nicht. Es müßte in der Logik der Theoriebildung verankert sein, daß Bewegungskulturen keine Zeichensysteme *sind*. Das *Verhältnis* des kulturellen und jener unkulturellen Momente eines Zeichensystems wäre *so* zu bestimmen, daß es eben nicht ein dualistisches oder reduktionistisches Verhältnis ist. Alkemeyer bringt das sachliche Problem zu Papier, wenn er von »außersemiotischen Umständen« spricht, was »selbstverständlich« nicht heiße, daß es sich deshalb um eine »objektiv zugängliche Realität« handelt (ebd.). Und *das* – *wie* denn das Außersemiotische resp. Un-Kulturelle weder ontisch noch rein zeichenhaft zu verstehen ist – ist ein nicht gerade geringfügiges theoretisches Problem, bei dem das *Meinen* allein nicht recht weiterhilft. Als Problemtitel werde ich das Un-Kulturelle als *Grenze* des Kulturellen ansprechen.

Solcherart Grenzen sind dann mindestens zweierlei zu bedenken. Wenn eine Bewegungskultur keine Sprache *ist*, sondern nur *wie* eine Sprache zu verstehen ist, dann ist erstens das Verhältnis des zeichenhaften und der nicht-zeichenhaften Momente einer Bewegungskultur zu bestimmen. Ich werde in bezug auf diese nicht-zeichenhaften Momente metaphorisch vom *Außen* einer Kultur sprechen: *Außen*, insofern es um die *nicht*-zeichenhaften Momente eines Zeichensystems geht; *metaphorisch*, insofern diese nicht-zeichenhaften Momente gar nicht als Nicht-Zeichen zugänglich sind, sondern je schon mimetisch übersetzt sind in nicht-zeichenhafte Momente eines je bestimmten *Zeichensystems*. Zweitens ist von inneren Differenzierungen des Sprache-seins auszugehen. Das körpergebundene Ausdrucksgeschehen (im Sinne von Plessner/Buytendijk 1925) ist nicht nur eine andere ›Sprache‹ als die Formalsprache der Mathematik, sondern es dürfte klug sein, davon auszugehen, daß beide auch *als Sprachen* andere sind. Im Kontrast: Englisch und Deutsch sind zweifellos *andere* Sprachen, aber es spricht wenig dafür, daß man dort auch einen Unterschied im Sprach*typus* unterstellen sollte. Demgegenüber springt der logische Unterschied zwischen der Sprache der Worte und der Sprache der Musik so ins Auge, daß hier wenigstens ein Unterschied im Sprachtypus vorliegen sollte. Manche meinen sogar, man könne überhaupt nicht im strengen Sinne, sondern bestenfalls illustrativ, von einer *Sprache* der Musik reden. Dann läge nicht einmal ein Unterschied im Sprach*typus* vor, sondern schlicht ein Unterschied zwischen Sprache und Nicht-Sprache. Das von Hildenbrandt aufgeworfene Problem (vgl. Fikus/Schürmann i.d.B.) ist genau hier verortet, wenn er von sportlichen Bewegungen aus *logischen* Gründen – sie seien durch bloße ›Autoreflexivität‹ gekennzeichnet – ihren *Sprach*charakter bestreitet.

Eine Kultur und ihr Außen

Bis hierher war unsere Rede von ›Kultur‹ hinreichend formal, um ausschließlich die Minimalbestimmungen einer zeichentheoretischen Konzeption menschlicher Bewegung zu fassen. Dementsprechend setzten die Reden von ›Kultur‹, ›Sprache‹ und ›Zeichensystem‹ zwar unterschiedliche Akzente, waren aber im Kern synonym. Diese Synonymie kann und muß sogar noch erweitert werden, wie sich das z.B. in der Rede von ›gesellschaftlichen Bedeutungen‹ andeutet. Statt ›Kultur‹ können wir auch ›menschliche Welt‹ bzw. ›Gesellschaft‹ sagen. Diese, ihrer Formalität verdankten, synonymen Verwendungsweisen bezeugen keinen Mangel an Differenzierungsvermögen, sondern sind eine theoretische Stärke. Nämlich jene Stärke von *Struktur*wissenschaften (wie Mathematik, Linguistik etc.), von materialen Unterschieden *absehen* zu können, um Gemeinsames sehen zu können.

Dies zu betonen, ist nicht unwichtig, weil dieses formale Minimum bestimmte Probleme gerne vermeiden möchte. Jörn Rüsen hat soeben eine Art Bestandsaufnahme von »Kultur und Kulturwissenschaft am Anfang des 21. Jahrhunderts« gegeben (vgl. Rüsen 2004). Um Mißverständnisse zu vermeiden: Rüsen krittelt nicht. Er hat keinerlei Problem, den *cultural turn* hinreichend zu würdigen: »In der Tat hat die kulturwissenschaftliche Wende in den Humanwissenschaften zu neuen Fragestellungen und Einsichten geführt.« (Ebd.: 534) Was Rüsen aber ganz unaufgeregt festhält, ist der Sachverhalt, daß nicht »hinreichend klar« geworden sei, worin das »Neue wirklich besteht« (ebd.). Bei Rüsen wird deutlich, daß dieses Neue sicher *nicht* dadurch entspringt, daß man ›Kultur‹ gegen ›Geschichte‹ oder ›das Soziale‹ profiliert. Der *cultural turn* kann sinnvollerweise kein Überbietungsgestus sein, wie er jedoch häufig daher kommt – sowohl heutzutage nach 1989 als auch zu Beginn des 20. Jahrhunderts, wo es ihn schon einmal gab, gerichtet gegen die Geschichtsphilosophie (vgl. Konersmann 1996).

Jenes formale Minimum ›Kultur‹, von dem die Rede ist, meint schlicht: Nicht-Natur. »Kultur ist ein Gegenbegriff zur Natur und bezeichnet insofern den Gesamtbereich aller nicht-natürlichen Sachverhalte der menschlichen Welt.« (Rüsen 2004: 535) Und eben darin ist dieser Begriff synonym mit anderen Gegenbegriffen zur Natur, wie etwa Geschichte, das Soziale, Gesellschaft, das Politische, das Ökonomische, Sprache. Und dann und damit ist ›Kultur‹ nicht nur ein möglicher Begriff jenes Gesamtbereichs aller nicht-natürlichen Sachverhalte, sondern zugleich ein Gegenbegriff, der »diesen Bereich in einer bestimmten Hinsicht [ordnet], die sich von andern [...] unterscheidet. Diese Hinsicht bezieht sich auf die sinnbildenden Tätigkeiten des menschlichen Geistes in allen Formen und Dimensionen der Lebenspraxis« (ebd.).

Unser Ansatz, Sportwissenschaft als Kulturwissenschaft zu formatieren, schwimmt eindeutig auf der Welle des *cultural turn*. Aber jene Betonung eines formalen Minimums insistiert darauf, daß es lediglich heißen soll: Kultur, und nicht Natur. Insofern wäre der Name ›Humanwissenschaft‹ passender. Aber erstens hätten wir dann jene Welle achtlos vorbeirollen lassen, und zweitens ist die Rede vom Humanum oder von der Welt der Menschen ebenfalls notorisch mißverständlich. Gesellschaft ist der Bereich von Nicht-Natur – klar. Aber daß dieser Bereich aus Menschen besteht, ist alles andere als klar. Nur ganz bestimmte Sozial- und Subjekt-Theorien lassen diesen Bereich aus Menschen *bestehen* (vgl. dagegen Röttgers 2002: insb. 17); und spätestens seit Plessner (1931) und allerspätestens seit Lindemann (2002) ist klar, daß es *in* Gesellschaft einen Mechanismus gibt, der die Grenzen des Sozialen bestimmt – weder ist zu allen Zeiten und allen Orten klar, daß *alle* Exemplare der Gattung homo sapiens zu den sozialen Entitäten gehören, noch ist klar, daß *nur* Exemplare dieser Gattung dazu gehören. Deshalb werde ich im folgenden nicht von ›Menschen‹ (als Bürger einer Gesellschaft) reden, sondern von dem formalen Minimum sozialer Individua, nämlich von exzentrischer Positionalität (Plessner).

Zweifellos liegt uns *auch* an der spezifischen von Rüsen genannten *Hinsicht* ›Kultur‹ im Unterschied zu den anderen. Nicht umsonst haben wir dasjenige Moment X, das nicht auf den rein physischen Bewegungsvollzug reduzierbar ist, ›Bedeutung‹ genannt. Aber klar ist, daß ›Kultur‹ dann eben eine spezifische Hinsicht des Gesamtbereichs ist, nicht aber ein *Teil*bereich. Das Ganze der Nicht-Natur wird in spezifischer Weise geordnet – so daß auch und u.a. die Rede von *gesellschaftlichen* Bedeutungen gänzlich unproblematisch ist.

Genauso zweifellos ist dann aber zu klären, worin »Eigenart und Stellenwert des spezifisch Kulturellen im Verhältnis zu anderen Hinsichten« besteht (Rüsen 2004: 535). Und das heißt einfach: was ist *anders?* Jener Überbietungsgestus, der meint, gerade das Kulturelle schaffe irgendeinen Mehrwert gegenüber dem Historischen, Sozialen, Ökonomischen, und erst recht eine darin angelegte »umstandslose Verallgemeinerung des Kulturellen zum schlechthin Menschlichen handelt sich zwei höchst problematische Defizite ein: Zum einen wird das kulturwissenschaftliche Denken naturvergessen und steht hilflos vor den dramatischen Erkenntnissen [z.B.] der Biologie und Gehirnphysiologie. [...] Die schwierige Vermittlung oder gar Synthese der beiden ganz unterschiedlichen Denkweisen und Forschungsverfahren wird dabei im Ernst gar nicht erst versucht.« (Ebd.) – Weit entfernt, schon konkrete Methoden der Analyse anbieten zu können, ist immerhin methodologisch klar, daß ein diakritischer Ansatz, anders als ein Synthesis-Konzept, das Kulturelle ›im Inneren‹ des physischen Bewegungsvollzugs verortet.

Das zweite Defizit: »Eine undifferenzierte Verallgemeinerung menschlicher Deutungsleistungen zur entscheidenden Triebkraft der Lebensführung [trübt] den kulturwissenschaftlichen Blick.« So verstandene Humanwissenschaften leisten »einer Entpolitisierung Vorschub. Das kann in die Nähe einer ideologieträchtigen Verstellung von Wirklichkeit führen (wenn man z.B. soziale Konflikte nur noch durch die Brille kultureller Differenz betrachtet).« (Ebd.: 536)

Die auftretenden Probleme bei der angemessenen Bestimmung des Außen einer Kultur können exemplarisch anhand der *Cultural Studies* studiert werden (vgl. Hörning/Winter 1999). Diese waren innerhalb eines marxistischen Theoriekontextes angetreten, gegen reduktionistische Lesarten des Basis-Überbau-Theorems die Eigenbedeutsamkeit kultureller Überbauten in und für die Entwicklung von Gesellschaften geltend zu machen. Zugleich wappnete der marxistische Kontext davor, die Autonomie des Kulturellen als dessen Autarkie zu traktieren: es ging immer auch und zugleich um die soziale, politische und ökonomische Grundierung des Kulturellen. »Die forschungspolitische Frage der Cultural Studies handelt davon, wie die ›Leute‹ von den besonderen Strukturen ihres Alltagslebens und den verschiedenen Widerständen und Mächten, denen sie dabei begegnen – sowohl ökonomischer als auch politischer Provenienz –, entmündigt oder ermächtigt werden und ferner wie *sie selbst* ihre Situation auslegen, darstellen, begreifen und zum Ausdruck bringen.« (Göttlich 2001: 17)

Freilich ist das in der Entwicklung der *Cultural Studies* immer auch ein Spannungsverhältnis, eher die Eigenbedeutsamkeit des Kulturellen zu betonen – mit der Tendenz, nur noch *meinend* zwischen Autonomie und Autarkie zu unterscheiden; oder aber auf der ›außer‹kulturellen Grundierung des Kulturellen zu bestehen – mit der Tendenz zum Reduktionismus. Jene Schwüle eines kulturalistischen Klimas zeigt sich dort in den Formulierungen gegen das Basis-Überbau-Theorem. Inszeniert wurde »der radikale Bruch« (ebd.: 29; vgl. 28) mit diesem Theorem. Es ging also nicht so sehr um eine nicht-reduktionistische und nicht-dualistische Lesart dieses Theorems, als vielmehr gegen das Theorem selbst. Damit aber geht auch die – wie problematisch auch immer – postulierte *Asymmetrie* zwischen einer Ökonomie und ihren Überbauten verloren. Überbauten sind dann, modernistisch gesprochen, ›Kopien ohne Original‹. Der marxistische Kontext gerät zum Mäntelchen, mit dem man, je nach Bedarf, kokettieren kann oder das man ablegen kann, wenn man außer Haus geht.

Heutzutage scheint es dagegen nun wiederum eine Gegenbewegung zu geben, die sich gleichsam auf die Wurzeln der *Cultural Studies* besinnt. Dieser Gegenbewegung reicht es nicht, beliebige Phänomene lediglich im Rahmen des *cultural turn* zu lesen – und selbst die *Cultural Studies* nur noch als Verfahren der Kontextualisierung zu begreifen. Gegen solch kulturalistische Tendenzen wird nun wieder jene Asymmetrie eingebracht: »Die Herausforderung durch die Cultural Studies besteht nämlich keineswegs in deren radikaler Kontextualität, sondern diese ist mit ihrem spezifischen Erkenntnisinteresse gegeben, kulturelle Praktiken in ihrer Beziehung und Begrenzung durch soziale Strukturen und Prozesse zu begreifen.« (Ebd.: 16; vgl. C. Winter 2001) Das zentrale theoretische Problem manifestiert sich als Unbehagen. Grossberg fordert, daß die *Cultural Studies* »explizit zu Fragen der politischen Ökonomie zurückkehren« müßten, was sie lange vernachlässigt hätten (n. C. Winter 2001: 295). Gleichwohl wird von der *Grenze* des Kulturellen nur der Innenaspekt thematisiert: »Wir müssen – noch radikaler – sogar erkennen, dass Ökonomie selbst ein Diskurs ist, dass die Wirtschaft selbst immer auf komplexe Weise durch kulturelle Praktiken artikuliert ist.« (Grossberg, n. ebd.: 296) Gegen Ökonomisten mag das eine, gar radikale, festzuhaltende Einsicht sein; im Hinblick auf Marx ist es ein Weichspüler. Gesucht war einst eine Weise, überzeugend sagen zu können, daß ›Kultur selbst immer auf komplexe Weise durch ökonomische Praktiken grundiert ist‹.

Jetzt im nachhinein läßt es sich gleichsam quasi-axiomatisch sagen: Unter einer ›Kultur‹ verstehen wir ein je bestimmtes Ensemble sich bewegender exzentrisch positionierter Individua. Macht man von einem solchen Prozeß eine Momentaufnahme, stellt sich eine Kultur als Ensemble von Verhältnissen sich bewegender Individua dar; ein solches Ensemble von Verhältnissen (eine Gesellschaft) hat sich, Exzentrizität unterstellt, je schon in »symbolischen Formen« (Cassirer) wie Sprache, Religion, Recht, Wissenschaft, Technik, kurz: in dem, was Hegel den »objektiven Geist« nennt, manifestiert. In bezug auf Bewegungskulturen im engeren Sinne wird man von einer symbolischen Form ›reflexive Körperbewegungen‹ reden können, die wir gewöhnlich, wenn auch problematisch, ›Sport‹ nennen.[1] Hebt man solche Momentaufnahmen wieder auf und betrachtet ›Kultur‹ als Prozeß, kann man einfach sagen, daß exzentrisch positionierte Naturkörper in einer Kultur ihr Leben produzieren, genauer: je bestimmte Momente ihres Lebens. Für ›Kultur als Prozeß‹ kann man daher auch ›Lebensweise‹ sagen. Das Verhältnis von Produktionsweisen exzentrischen Lebens und ihren objektiven Geistern kann also in einer Terminologie von Prozeß und Produkt (geronnenem Prozeß) gefaßt werden: Der Arbeiter »hat gesponnen und das Produkt ist ein Gespinst.« (Marx 1867: 195).

Gesellschaften, also Ensemble von Verhältnissen exzentrischer Individua, sind somit (als Momentaufnahmen eines Prozesses) in einem zeitlichen und räumlichen Verlauf situiert,[2] mithin mit einem historischen und kulturellen Grenz-Index (Gegenwart; Zivilgesellschaft) versehen. ›Kultur als Produkt‹ hat je gegenwärtig ihre Vergangenheit und Zukunft, und je bestimmt (= diese citoyen und nicht jene) simultane Kulturen neben sich. Intern sind Zivilgesellschaften zudem, und historisch differenziert, mit einem ökonomischen, sozialen, rechtlichen, religiösen, technischen, geschlechtlichen, volkssprachlichen, politischen, agonal-spielerischen etc. Index versehen, was sich in der Regel, wenn auch nicht zwingend, in der Ausdifferenzierung entsprechender Subsysteme manifestiert. In der Regel kann der jeweilige materiale Gehalt jener Indizes anhand der Ökonomie, der durchschnittlichen Sozialstruktur, des Rechtssystems, der gebräuchlichsten Technologie, der typischen Geschlechterverhältnisse, der Amtssprache(n), der staatlichen und nicht-staatlichen politischen Institutionen, des Sports bestimmt werden, was gerade nicht heißt, daß der Sport nicht *seine* Ökonomie, Sozialstruktur etc. hätte und vice versa.

---

1 In *diesem* (minimalen) Sinne ist dann auch die antike Gymnastik *Sport*, was ansonsten bei ungeschütztem Sprachgebrauch die entscheidende konzeptionelle Differenz zum modernen Sport verwischt.

2 Das Phänomen ist selbstverständlich eine Banalität. Das »somit« bezieht sich auf die Spezifik der theoretischen Modellierung.

Falls nun, wie hier unterstellt, die Produktionsweisen exzentrischen Lebens nicht nicht vermittelt sein können, ist in der Produktion der Lebensmittel »die Anatomie der bürgerlichen Gesellschaft« (Marx 1859: 8) zu suchen.

Der Sprachtypus der Sprache der Bewegung

Wir haben in unserem gemeinsamen Beitrag weitgehend ausgeblendet, inwiefern den Zeichen ein ihnen eigentümlicher semantischer Gehalt zuwächst. Wir hatten mit König und gegen strukturalistische Lesarten lediglich insistiert, daß sich dieser Gehalt nicht in die Beziehungen zu den anderen Zeichen desselben Zeichensystems auflöst. Im Allgemeinen, und in allen Zuschreibungstheorien ganz fraglos, wird der semantische Gehalt eines Zeichens durch eine Referenz-Beziehung gewährleistet: den Zeichen wächst ein solcher Gehalt insofern zu als Zeichen eben *etwas* bezeichnen. Eine Referenz-Beziehung scheint wie selbstverständlich eine Beziehung zwischen einem einzelnen Zeichen und einem einzelnem Bezeichneten zu sein. Inwiefern nun bezeichnen körperliche Bewegungen etwas? Oder bezeichnen sie überhaupt in dieser Weise?

Manche Worte scheinen insofern zu bezeichnen, als sie auf Etwas referieren, was nicht selbst ein Zeichen desselben Systems ist und in diesem Sinne ›außerhalb‹ dieser Zeichenwelt liegt. Das Zeichen *Hund* bellt bekanntlich nicht, aber es referiert, so sagt man naheliegenderweise, auf jenes Tier, das bellt. Bei anderen Worten fällt einem nicht so recht ein Etwas in unserer realen Außenwelt ein – *Einhorn* etwa dürfte eher auf eine Vorstellung unserer Gedankenwelt referieren. Manch andere Worte – *brrr!* – bezeichnen wohl Situationen, und nicht Dinge *in* Situationen; wieder andere Worte bedeuten nur im Vollzug des Aussprechens – wenn man beispielsweise »achtzehn!« beim Skatspielen sagt. Inwiefern bedeuten körperliche Bewegungen?

Hildenbrandt hat darauf bestanden, daß körperliche Bewegungen nur sich selbst bezeichnen. Er hat deshalb den Bewegungskulturen ihren Sprachcharakter abgestritten. Wenn man das ganz wörtlich nimmt, dann wäre unsere Rede von der »Sprache der Bewegung« ohne Rechtsgrund, und bestenfalls im schönen Sinne plakativ. Wenn man umgekehrt unsere Rede wörtlich nimmt, dann wäre jeder Unterschied im Zeichencharakter körperlicher Bewegungen, auf dem Hildenbrandt zu recht beharrt, verschwunden. Genau deshalb ist unsere Rede von »Sprache« am Fall der »Sprache der Worte« *orientiert* – ›das Sprechen einer Sprache ist hier eine Art Prototyp dessen, was es heißt, eine Kultur zu verstehen‹ (s.o.) –; und genau deshalb enthält die Rede von der »Sprache der Bewegung« ein metaphorisches Moment. Zu zeigen bliebe also, daß es sich dabei dann immerhin um eine Bedeutungs*verschie-*

bung von ›Sprache‹ handelt, so daß nicht *jeder* Rechtsgrund verschwunden wäre, von »Sprache der Bewegung« zu reden. Die Annahme eines solchen Rechtsgrundes ist eine Vermutung. Sie ergibt sich im Zusammenhang mit aktuellen Debatten um das Verhältnis von Können und Wissen sowie um ›Körperliche Erkenntnis‹. Es gibt Verstehensweisen, die nicht im engeren Sinne diskursiv sind, ohne deshalb schon ›intuitiv‹ im Sinne von ›unmittelbar‹ zu sein. Oder in einem anderen Vokabular: so manches Können dokumentiert ein präreflexives Wissen, ohne daß dieses Wissen deshalb nicht-reflexiv wäre. Programmatisch gesprochen: Mit Hegel, Georg Misch, Helmut Plessner und Josef König kann man zwischen hermeneutischem und feststellendem Sprechen unterscheiden. Dieser Unterschied ist ein ontologisch-logischer: beide Weisen des Sprechens bilden andere Typen des Sprechens, sie sind als Sprechen anders. Der zentrale Punkt liegt darin, daß hermeneutisches Sprechen von der Struktur vermittelter Unmittelbarkeit ist (vgl. Schürmann 1999).

Diese Vermutung möchte ich im folgenden anhand eines Symptoms plausibilisieren, um sie dann in der Form einer Arbeitshypothese expliziter und operationalisierbar zu machen.

Das Symptom ist das folgende: Wir müßten mit gutem Recht sagen können, daß wir eine Bewegungskultur *nicht* genau so wie eine Sprache der Worte verstehen, sondern analog dazu. Könnte man nun zeigen, daß man Bewegungskulturen nur und ausschließlich dadurch versteht, daß körperliche Bewegungen in der Sprache der Worte interpretiert werden müssen, dann spräche das m.E. sehr stark *gegen* einen eigenständigen Sprachtypus von Bewegungskulturen. Minimalbedingung eines eigenständigen Sprach*typus* scheint mir zu sein, daß eine Bewegungskultur in *irgend*einem Sinne aus sich heraus, d.h. ohne *notwendigen* Rückgriff auf die Sprache der Worte, verständlich sein müßte.

Ob dem nun so ist, genau dazu gibt es eine Debatte. Huschka (2003) thematisiert das Verhältnis von Tanz und Wortsprache, weil »das Flüchtige des Tanzes« (ebd.: 87) dieses Verhältnis von vornherein problematisch macht. »Der Tanz führt dank seiner Eigenheit, Tänze nur im *Tanzen* produzieren zu können, eine eigenwillige kulturelle und phänomenologische Existenz.« (Ebd.: 82, vgl. 84) Zugänglich ist er – Hildenbrandt hatte es allgemein für körperliche Bewegungen herausgestellt – primär kinästhetisch und visuell; und »man kann – mit Geduld und gewisser Übung – die Bewegungen der Tänzer erinnern und mittels verschiedener Aufzeichnungstechniken analysieren« (ebd. 82). Klar ist, daß eine Beschreibung des Tanzes in der Sprache der Worte eine jener »sekundären Semiotisierungen« ist; ganz klar ist das – denn es dürfte dann bereits eine tertiäre Semiotisierung vorliegen –, wenn es erklärtermaßen um »theoretische[..] Einsichtnahme in den Tanz« in der

»Perspektive als Wissenschaftlerin (und ebenso als Kritikerin)« geht (ebd.: 86, 83). Die entscheidende Frage ist, ob das ›primäre‹ Phänomen des Tanzens ›aus sich‹ heraus verständlich ist, oder *nur* vermittels der Beschreibung in der Sprache der Worte. Der Verdacht ist – von Daly als »Tatsache« behauptet, und von Huschka als Motto gewählt –, daß bereits das ›primäre‹ Phänomen des Tanzens nicht ohne Worte auskommt: »The fact is, dance is constituted by words as much as by movement.« (Zit. n. ebd.: 71) – Genau hier rechnet Huschka allerdings auch »mit großem Widerstand« (ebd.: 89).

Nun gibt es ein sehr geläufiges Verständnis dessen, was ›aus sich heraus verstehen‹ heißen soll, gegen das sich Huschka vehement und zu Recht wendet. Ihre eigene Zuspitzung, »dass der Tanz gar keine rein wortlose Kunst ist« (ebd. 75), ist (nur) verständlich in der Entgegensetzung zu verbreiteten Auffassungen, körperliche Bewegung »bewirke einen unmittelbaren Kommunikationsprozess, der zwei Körper ohne mediale Vermittlung korrespondieren lässt« (ebd. 71). Eine solche Beschwörung von Unmittelbarkeit ist weitaus mehr als bloß ein Plädoyer für eine wortlose Kunst des Tanzes. Dieses Plädoyer ist dort nämlich unterlegt durch die typisch lebensphilosophische Auffassung, daß die Sprache der Worte nicht an den ›eigentlichen‹ Bedeutungsgehalt des Tanzes heranreiche und seinen eigentümlichen Gehalt sogar zerstöre. Verfangen in der Sprache der Worte, könne man das Geheimnis des Tanzes nicht lüften – verlangt sei ein beschworener unmittelbarer Zugang, der dann freilich Eingeweihten vorbehalten ist, und, weil nicht medial vermittelt, auch nicht weiter mitteilbar wäre. In dieser Auffassung bleibt der Tanz »fern jeglicher Sprachlogik« ein »Mysterium«; immer wieder wird dem Tanz so der »Nimbus des Geheimnisvollen« verliehen (ebd.: 73). Wäre *das* die Alternative, dann müßte man alles daran setzen zu zeigen, daß der Tanz *keine* wortlose Kunst ist. Schon Hegel ätzte gegen solcherart Geraune: »Indem jener sich auf das Gefühl, sein inwendiges Orakel, beruft, ist er gegen den, der nicht übereinstimmt, fertig; er muß erklären, daß er dem nichts weiter zu sagen habe, der nicht dasselbe in sich finde und fühle; – mit anderen Worten, er tritt die Wurzel der Humanität mit Füßen.« (Hegel 1807: 64f.) Daß es sich dabei nur »beinahe« um einen »reaktionären Diskurstypus« handle (Huschka 2003: 90), dürfte nicht sachlich begründet, sondern nur akademischen Vorsichtsspielregeln geschuldet sein.

Nun ist die Alternative ›Vermittlung durch Wortsprache‹ *oder* ›unmittelbares Verstehen‹ keinesfalls erschöpfend. Zum einen sind Vermittlungen durch andere, nicht wortsprachliche »symbolische Formen« (Cassirer) hinreichend bekannt und herausgestellt. Das allein ist allerdings nicht hinreichend, um der fraglichen *Eigenheit*, die bei und mit Bewegungskulturen im Blick ist, gerecht zu werden. Denn dann würden diese anderen symbolischen Formen immer noch *genau so* verständlich sein wie die Wortsprache. Zu zeigen wäre vielmehr, daß die *Art* der Vermittlung in Bewegungskulturen eine andere ist. Gesucht ist somit eine *vor-diskursive Vermittlung*. Körper würden dann innerhalb einer Bewegungskultur durchaus medial vermittelt »korrespondieren« (s.o.), aber diese Vermittlung käme nicht durch eine Beschreibung auf zweiter Stufe, also nicht durch *sekundäre* Semiotisierung zustande.

Eine solche Suche kann z.b. bei Georg Misch fündig werden. Dort ist innerhalb der Lebensphilosophie die direkt gegenteilige Position zu den lebensphilosophischen Unmittelbarkeitsbeschwörern formuliert.[3] Misch macht es an Gedichten sinnfällig: keine Gedichtinterpretation (also: keine Beschreibung des Gedichts auf zweiter Stufe) ist mit der Bedeutung des Gedichts in *Gedicht*form identisch. Dennoch liegt die eigentümliche Bedeutung des Gedichts nicht als ein Mysterium jenseits des Gedichts. Seine Bedeutung liegt, wie man so sagt, zwischen den, also weder in den noch jenseits der Zeilen.

Hermeneutische Beschreibungen im Sinne von Misch, von ihm »Evokationen« genannt, sind in anderer Weise diskursiv als Beschreibungen zweiter Stufe. Könnte man dieses Theorieangebot auch auf Bewegungskulturen beziehen, dann könnte man sagen, daß wir körperliche Bewegungen im Modus der *vermittelten Unmittelbarkeit* (vgl. Plessner 1928: 321ff.) verstehen: ihre Bedeutung würde auf erster Stufe »geweckt«, und nicht festgestellt.

Es sind die Texte von Elk Franke, die in den letzten Jahren wesentlich dafür stehen, sportliche Bewegungen in einer solchen Weise als vor-diskursiv vermittelt erweisen zu wollen. Mit Franke ist das Anliegen, der Eigenheit von Bewegungskulturen dadurch Rechnung zu tragen, daß man die Bewegungskünste eben doch – gegen Huschka – als wortlose Künste begreift, was gleichwohl – mit Huschka – nicht einer vermeintlichen Unmittelbarkeit ihres Verstehens das Wort redet.

---

3 »Man könnte an dieser Universalität der Ausdrucksmöglichkeit des Innern nur irre werden, wenn die Romantiker recht hätten, die von dem gestaltlosen, bild- und wortlosen menschlichen Innenleben als einer formlosen und strukturlosen rein intensiven gärenden und strömenden Lebendigkeit sprechen, die durch jeden Ausdruck festgemacht, verfestigt und damit verfälscht werde. Aber das ist eine romantische Theorie, die den mystischen ekstatischen religiösen Erlebnissen entnommen ist und zwar einer bestimmten Auslegung dieser Erlebnisse, von einem vorgefaßten Begriff des religiösen Lebens aus, wonach das religiöse Erlebnis etwas rein Subjektives in einem isolierten Binnenleben des Ichs ohne ursprünglichen Bezug zur Gemeinschaft wäre. Aber so gefaßt wäre es dann auch nichts universal Geistiges mehr. Das ist ein unhaltbarer Begriff von Leben, da zum Leben als Geistigem wesentlich gehört die Beziehung von Tun und Wissen um den Sinn dieses Tuns.« (Misch 1994: 79)

Signifikant und exemplarisch für diese Haltung hat Franke (2001) die Frage gestellt, ob sportliche Bewegungen ironisch sein können. Die Figur der Ironie steht dabei für einen solchen Vollzug, der sich in seinem Vollzug zugleich distanzierend einklammert und gleichsam kommentiert. Damit ist die Frage gestellt, ob sportliche Bewegungen »nur Anlaß oder auch *Medium* einer solchen distanzierenden Bedeutung werden können, d.h., ob in der Realisierung oder Rezeption sportlicher Handlungen ohne einen ›Umweg über die Sprache‹ die ›Handlungen selbst‹ ein solches distanzierendes, reflexiv-ironisches Potential entwickeln können« (ebd.: 24).

Charakteristisch ist nun zunächst, in welchem Sinne sportliche Bewegungen *nicht* ironisch sein können. Die Eigenheit sportlicher Bewegungen – ihre nunmehr wiederholt diagnostizierte ›Flüchtigkeit‹ – zwinge zu einem Bruch mit dem Text-Modell von Ironie. Es dürfe »nicht übersehen werden, daß es im Sport im strengen Sinne keine Objektivierung des Handlungsverlaufs im Sinne einer formalisierten ›Sprache‹, ähnlich der Partitur in der Musik, gibt.« Daher »entfällt in der Regel auch die Möglichkeit [...] von textorientierter Ironie. Es gibt nicht den ›ursprünglichen Text‹ analog zur Partitur der Musik, z.B. in einem Fußballspiel, gegenüber dem eine weitere oder andersartige Ausführung ironisch erscheinen könnte« (ebd. 34). Insofern muß Franke ein anderes Konzept skizzieren, »das sich nicht an der untauglichen Text-Analogie orientiert, sondern die zwei zentralen Voraussetzungen ironischer Aussagen über die Welt – *Distanzierung* und *Reflexivität* – in anderer Weise expliziert: *über Differenzerfahrungen des Menschen im Erkenntnisprozeß von Welt*« (ebd. 36).

Dieses Grundprinzip soll nun noch in die angekündigte Arbeitshypothese operationalisiert werden. Die Grundidee stiftet ein Vergleich zum Verstehen einer Sprache.

Man könnte formulieren, daß jemand eine Sprache versteht, wenn sie in einem in dieser Sprache geführten Gespräch mit-reden kann. Solches Mit-Reden kann ggf. merk-würdige Formen annehmen, etwa bei Stummen, nach Kehlkopf-Operationen, bei spastisch Gelähmten etc., aber in der Regel ist auch in solchen Fällen schon ›klar‹, ob dort jemand mit-redet oder nicht. Zu dieser Regel gehört, daß man die Ausnahmen des Nicht-Mit-Redens erklären muß, während der Regelfall eben ›klar‹ ist. Mit-Reden ist mehr als bloß hören, daß dort (z.B.) deutsch gesprochen wird. Mit-Reden dokomentiert vielmehr ein Verstehen der Bedeutungen. Der prototypische Fall von Nicht-Mit-Reden-Können liegt dann vor, wenn jemand einen Witz nicht versteht, und daher nicht mitlachen kann. Freilich gibt das auch sofort die Schwierigkeiten dieses Kriteriums zu Protokoll: Das faktische Nichtmitlachen kann genauso gut Ausdruck eines anderen Humors sein: So Jemand hat dann den

Witz, und nicht nur dessen Worte, durchaus verstanden, findet ihn aber gar nicht witzig und lacht deshalb nicht mit. So jemand redet dann durch ein beredtes Schweigen mit. Es ist ein völlig anderer Fall als jenes Nicht-Mit-Reden-Können, das den Witz erst gar nicht kapiert hat. Ob jemand *verstanden* hat – also mit-redet oder nicht-mit-redet – muß, bei Strafe von Inhumanität, notorisch als *Hypothese* formuliert sein. Das Faktum des Schweigens z.b. sagt als solches gar nichts; verlangt ist eine geradezu detektivische Spurenlese, um zum Urteil des Nicht-Verstehens zu kommen: Autisten werden gemacht, und nicht als solche geboren (vgl. Jantzen 1990).

Analog könnte man formulieren, daß jemand eine Bewegungskultur versteht, wenn er in einem in dieser Kultur gespielten Bewegungsspiel mit-spielen kann. Die grundlegende Differenzerfahrung ist die, den Witz eines solchen Spiels zu verstehen oder eben nicht. Und auch hier ist das Faktum des Nichtmitspielens kein Beweis für Nichtverstehen; ebenso gut kann darin zum Ausdruck kommen, daß so jemandem dieses Spiel ›einfach zu blöd ist‹. Was freilich bei Insidern völlig zu Recht den Verdacht nährt, daß so jemand eben nicht verstanden habe – sonst könnte er es ja nicht blöd finden.

Ob die Art der Vermitteltheit beim Mit-Spielen eine grundsätzlich andere als beim Mit-Reden ist, weiß ich nicht. Die Vermutung ist, daß auch das Verstehen einer Sprache der Worte auf erster Stufe eben nicht ein sekundärer Kommentar, keine feststellende Beschreibung, sondern ein Mit-Spielen ist. Wittensteins Sprachspiel-Paradigma jedenfalls zieht daraus sein theoretisches Kapital und seine Popularität.

Literatur

Alkemeyer, Thomas (1997):»Sport als Mimesis der Gesellschaft. Zur Aufführung des Sozialen im symbolischen Raum des Sports«. In: Zeitschrift für Semiotik 19, S. 365-395.

Bockrath, Franz (2001):»Mythisches Denken im Sport«. In: Franz Bockrath/ Elk Franke (Hg.), *Vom sinnlichen Eindruck zum symbolischen Ausdruck - im Sport*. Hamburg: Czwalina, S. 95-105.

Franke, Elk (2001):»Ironie im Sport? Ein Beitrag zur Bedeutungsanalyse nicht-verbaler Symbole«. In: Georg Friedrich (Hg.), *Zeichen und Anzeichen – Analysen und Prognosen des Sports*, Hamburg: Czwalina, S. 23-44.

Göttlich, Udo (2001):»Zur Epistemologie der Cultural Studies in kulturwissenschaftlicher Absicht: Cultural Studies zwischen kritischer Sozialforschung und Kulturwissenschaft«. In: Göttlich et al. 2001, S. 15-42.

Göttlich, Udo/Mikos, Lothar/Winter, Rainer (Hg.) (2001): *Die Werkzeugkiste der Cultural Studies. Perspektiven, Anschlüsse und Interventionen*, Bielefeld: transcript.

Hegel, Georg Wilhelm Friedrich (1807/1986): *Phänomenologie des Geistes*. In: Werke 3, Frankfurt a.M.: Suhrkamp.

Hörning, Karl H./Winter, Rainer (Hg.) (1999): *Widerspenstige Kulturen. Cultural Studies als Herausforderung*, Frankfurt a.M.: Suhrkamp.

Huschka, Sabine (2003): »Reflexive Begegnungen: TanzBewegungen beschreiben«. In: Franke, Elk/Bannmüller, Eva (Hg.), *Ästhetische Bildung*, o.O.: Afra, S. 71-91.

Jantzen, Wolfgang (1990): »Isolation«. In: Hans Jörg Sandkühler (Hg.), *Europäische Enzyklopädie zu Philosophie und Wissenschaften, Bd. 2*, Hamburg: Meiner, S. 714-716.

Konersmann, Ralf (1996): »Aspekte der Kulturphilosophie«. In: Ralf Konersmann (Hg.), *Kulturphilosophie*, Leipzig: reclam ²1998, S. 9-24.

Lindemann, Gesa (2002): *Die Grenzen des Sozialen. Zur sozio-technischen Konstruktion von Leben und Tod in der Intensivmedizin*, München: Fink.

Marx, Karl (1859/1975): *Zur Kritik der Politischen Ökonomie. Vorwort*. In: Werke (MEW) 13, Berlin: Dietz, S. 7-11.

Marx, Karl (1867/1982): *Das Kapital. Kritik der Politischen Ökonomie*. In: Werke (MEW) 23, Berlin: Dietz.

Misch, Georg (1994): *Der Aufbau der Logik auf dem Boden der Philosophie des Lebens. Göttinger Vorlesungen über Logik und Einleitung in die Theorie des Wissens*. Hg. v. Gudrun Kühne-Bertram/Frithjof Rodi, Freiburg, München: Alber.

Plessner, Helmuth (1928/1975): *Die Stufen des Organischen und der Mensch. Einleitung in die philosophische Anthropologie*, Berlin/New York: de Gruyter.

Plessner, Helmuth (1931/1981): *Macht und menschliche Natur. Ein Versuch zur Anthropologie der geschichtlichen Weltansicht*. In: *Gesammelte Schriften*. Hg. v. Günter Dux u.a., Bd. V, Frankfurt a.M.: Suhrkamp, S. 135-234.

Plessner, Helmuth/Buytendijk, Frederik J.J. (1925/1982): »Die Deutung des mimischen Ausdrucks. Ein Beitrag zur Lehre vom Bewußtsein des anderen Ichs«. In: *Gesammelte Schriften*. Hg. v. Günter Dux u.a., Bd. VII, Frankfurt a.M.: Suhrkamp, S. 67-129.

Röttgers, Kurt (2002): *Kategorien der Sozialphilosophie*, Magdeburg: Scriptum.

Rüsen, Jörn (2004): »Sinnverlust und Transzendenz – Kultur und Kulturwissenschaft am Anfang des 21. Jahrhunderts«. In: Friedrich Jaeger/Jörn Rüsen (Hg.), *Handbuch der Kulturwissenschaften. Band 3*, Stuttgart/Weimar: Metzler, S. 533-544.

Schürmann, Volker (1999): *Zur Struktur hermeneutischen Sprechens. Eine Bestimmung im Anschluß an Josef König*, Freiburg, München: Alber.

Winter, Carsten (2001): »Kulturimperialismus und Kulturindustrie ade? Zur Notwendigkeit einer Neuorientierung der Erforschung und Kritik von Medienkultur in den Cultural Studies«. In: Göttlich et al. 2001, S. 283-322.

Eckehard F. Moritz

Kultursensitive Innovation im Sport

Wie noch zu zeigen sein wird: Kultur und Innovation stehen in intensiver Wechselwirkung. Kulturelle Vielfalt fördert grundlegende Innovation. Und Innovation treibt und prägt kulturelle Entwicklung. Umgekehrt kann zu traditionsbeharrende Kultur aber auch Innovation verhindern. Und Innovation, mit Gewalt in jeden Markt hineingedrückt, kann kulturelle Errungenschaften zerstören.

Kultur und Innovation – Kurzanalyse einer Beziehung

In diesem Beitrag sollen nun zwei Fragen diskutiert werden. Zum einen wie diese Wechselwirkung im Bereich von Sport und Sporttechnologie aussieht, und zum anderen ob sich auf Grund dieser Erkenntnisse Innovation ›kultursensitiv‹ gestalten läßt. Unter ›kultursensitiv‹ soll dabei Innovation im Sinne kultureller Nachhaltigkeit verstanden werden, die man, in Anlehnung an eine allgemeine Definition von Nachhaltigkeit (World Commission on Environment and Development 1987: 43) definieren könnte als »Innovation, die die aktuellen Möglichkeiten der Kultur(en) nutzt und auf ihre Bedarfe eingeht, ohne hierdurch die zukünftigen Entwicklungsmöglichkeiten dieser Kultur(en) zu beeinträchtigen.«

Ein Offenbarungseid noch vorweg: Die folgende Diskussion ist kaum mehr als eine Probebohrung in diese komplexe Thematik. Es ist bei dem derzeitigen Stand von Wissen und Erkenntnis noch nicht einmal klar, was denn kulturelle Nachhaltigkeit genau ist (vgl. hierzu auch Moritz 2004b). Und Innovatoren sind erst recht ratlos bei der Forderung, diese in die Praxis umzusetzen.

Kultur, Innovation, Sport – die Grundlagen im Abriß

Für *Kultur* haben Kroeber und Kluckhohn schon (1952) über 500 veröffentlichte Definitionen gesammelt; heute ist diese Komplexität völlig unüberschaubar. Möglich und sinnvoll ist jedoch eine situationsspezifische Beschreibung des Verständnisses von Kultur. Zu diesem Zweck habe ich in einer anderen Veröffentlichung (Moritz 2003a) folgende Metapher geprägt:»Kultur bedeutet für eine Gesellschaft das, was die Schale für eine Traube bedeutet (in der Weinzubereitung). Sie hält alles zusammen; sie ist Grundlage für Geschmack und Würze (Denkweisen, Traditionen, Sprache, Wissenschaft, Kunst). Inwieweit sich diese entwickeln können, hängt von der geographischen Lage und vom Klima ab – noch mehr allerdings von der Kunst und Sorgfalt des Umgangs mit ihr. Und nur aus ihr heraus kann sich Geist (Spirit) entwickeln.« Mit etwas weniger Bouquet kann man auch sagen:»Kultur faßt alle Entwicklungen und Erfolge des kollektiven menschlichen Geistes und ihre Materialisierung und Konsequenzen zu einer bestimmten Zeit in einer bestimmten Umgebung zusammen.« Weil in Zeit und Umgebung bestimmt, sind Kulturen niemals ›abgeschlossen‹.

Auch *Innovation* wird als positiv belegtes Modewort in jeder denkbaren Geschmacksrichtung interpretiert und propagiert; von dem gewinnabhängigen Verständnis der neoliberalen Ökonomen »However marvellous technical invention may be, it does not constitute innovation if it creates no pure profit in the market economy« (Urabe 1988: 3) bis zum emphatischen »Innovation ist Aventura de Ser (Abenteuer des Seins)« (Garcia Bacca 1987: 152) findet sich für jeden Zweck eine Definition. Im folgenden sollen unter Innovation Entwicklungen verstanden werden, die für die Nutzer qualitativ und funktional neue Möglichkeiten eröffnen. Diese Definition wird weiter unten für den Bereich des Sports noch expliziert.

Sport ist, mehr noch als *Innovation*, ein ganz und gar soziales Konstrukt. Ihn gibt es nicht rein als solchen, sondern nur im Kontext von Bedeutungsmustern:

»Nicht ein Bewegungsablauf – Laufen, Springen, Werfen usw. – ist bereits Sport; gleiche Bewegungsabläufe finden wir auch in der Arbeit. Zu Sport wird er erst durch eine situationsspezifische Rezeption und Bedeutungszuweisung durch die Handelnden etwa als ›zweckfrei‹, ›erholsam‹, ›gesund‹, ›unproduktiv‹, ›fair‹, ›risikoreich‹, ›leistungsorientiert‹, ›wettkampfbezogen‹, ›kommunikativ‹, ›freudvoll‹ usw. und indem andere Merkmale wie zum Beispiel ›Schweiß‹, ›Anstrengung‹, ›Routine‹, ›Monotonie‹ als nicht konstitutiv ausgeklammert werden.« (Heinemann 1998: 34, unter Verweis auf Franke)

Kultur, Innovation, Sport – Exploration der Zusammenhänge

Die bisherigen Begriffsbestimmungen waren so allgemein, daß sie kaum etwas zum Verständnis oder zur Gestaltung kultursensitiver Innovation beitragen konnten. Dies ändert sich, wenn man die Begriffe aufeinander bezieht – und dadurch die Komplexität ihrer (Be)deutungsmöglichkeiten im Sinne der vorliegenden Thematik einschränkt.

Für *Innovation im Sport* wurde in Moritz (2004a) eine für die Entwicklung von Hilfestellungen für Innovatoren nützliche Beschreibung hergeleitet. Sie soll verstanden werden als »die Erschaffung neuer Produkte und/oder Systeme, die individuelle, institutionelle oder gesellschaftliche Visionen im Bezug auf Sport und Bewegung realisieren, entsprechende Ziele besser als bisher erreichen helfen oder für die entsprechende Erlebniswelt von Nutzern interessante und nicht triviale Veränderungen darstellen.« Von den vielfältigen Implikationen dieser Beschreibung ist für die hier vorliegende Fragestellung insbesondere wichtig, daß

- bei Innovation im Sport das technische Objekt zusammen mit seiner Anwendung in Szenen, Events oder Wettkämpfen gedacht werden muß;
- das entscheidende Kriterium für Innovation in diesem Bereich nicht die Techniklösung, sondern das Erreichen von Visionen oder neue physiologische oder emotionale Eindrücke für die Erlebniswelt der Nutzer sind.

Kulturen scheinen einen Ausdruck in einer ihnen entsprechenden Körper-, insbesondere Sportkultur zu haben, was in der abendländischen Kulturgeschichte früh und immer wieder bedacht worden ist. Exemplarisch dafür mögen Praxis und Theorie der Gymnastik und der Olympischen Spiele im antiken Griechenland stehen. Dem entsprechend bleibt das Verhältnis des Sports zur Gesamtgesellschaft (exemplarisch Plessner 1956) sowie zu den nicht-Sportkulturen (exemplarisch Weis 1995 oder Auffarth i.d.B. zum Verhältnis Sport und Religion) dauerhaft Thema. Lingis (1994: 32-33) faßt zusammen:

»Every great culture, marked by distinctive intellectual, artistic and moral productions, has also set up a distinctive icon of bodily perfection. The physical ideal of the Yogi, of the lion-maned moran in the African savannah, of the serpent-plumed Mayas, of the Olympians of the age of Pericles, of the samurai, of the baris knights of Bali – each great center of culture has set up the corrals, perfected the breeding and training methods, ordered the subjugations and testings of its own body ideal. In the new institutions specific to Western society – barracks, factories, public schools, prisons, hospitals, asylums – Foucault identified the specifically modern ideal of the disciplined body.«

Noch wenig Historie hat eine Klärung der Zusammenhänge zwischen *Kultur und Innovation*: Lange Zeit wurden Kulturvergleiche über Industrie und Innovation fast ausschließlich zur Verbesserung der Wettbewerbsfähigkeit instrumentalisiert und damit genau das Gegenteil von kultursensitiver Innovation erreicht (den Höhepunkt bildete die *One best way*-Debatte von Womack et al. 1990). In der Diskussion der *Culture of Manufacturing* (siehe hierzu Ito/Moritz 1997) waren es externe Merkmale wie Farben, Symbole etc., die als Innovation an eine ›Kultur‹ angepaßt werden sollten (vgl. auch Romberg et al. 1997) – ebenfalls zur Verbesserung der Verkaufszahlen. Ich selbst (Moritz 1996) habe versucht, Innovationsprozesse im Kulturvergleich zu beschreiben; hierbei fehlen jedoch Hinweise, inwieweit Innovationen als Produkte von einer Kultur beeinflußt werden.

Einen der ersten Ansätze, diese Zusammenhänge komplexer zu diskutieren, stellt die sehr fundierte Studie zu den Grundlagen einer Industriekultur von Ruth (1995) dar: In dieser stellt er fünf Dimensionen als prägend für eine Industriekultur vor; dieser Ansatz wird später als methodischer Ausgangspunkt des analytischen Teils dieses Beitrags noch näher vorgestellt. In bezug auf die Möglichkeit einer praktischen Anwendung dieser Erkenntnisse im Sinne kultursensitiver Innovation bleibt jedoch auch Ruth blaß.

Warum überhaupt kultursensitive Innovation im Sport?

Eine Frage ist bisher noch gar nicht beantwortet worden: Warum eigentlich ist kultursensitive Innovation so wichtig? Kultur geht ja nicht ›kaputt‹ – sondern sie ändert sich. Ist dies nicht ein ganz normaler Prozeß menschlicher Entwicklung, der sich über Jahrtausende in verschiedensten Facetten beobachten läßt? Im folgenden möchte ich auf diesen Einwand in zwei unterschiedlichen Argumentationslinien entgegnen.

These 1: Kultur bestimmt die intellektuell-emotionale Umgebung, in der wir leben wollen! Sicher überlebt die Menschheit auch, wenn Ronald McDonald UN-Botschafter wird oder die Welt einem Zentralkaiser huldigt und himmelstürmende Pyramiden in Uganda baut. Aber sie überlebt genauso, wenn nur noch Berge in einigen Regionen zu besiedeln sind und es jeden Tag stürmt und schneit. Die Frage ist nur: Wollen wir das? Es ist unsere jeweils eigene Wahl, unsere intellektuell-emotionale Umgebung zu gestalten. Und hierfür wiederum ist gerade bei Innovation Kultursensitivität im Sinne einer Orientierung an konsensfähigen gemeinsamen Visionen gefragt.

These 2: Kulturelle Diversifizität ist eine zentrale Quelle von Innovation! Um die These zu illustrieren: Schon die bis heute sicherlich größte Innovation und Voraussetzung für fast alle weiteren Innovationen, das Aufkommen reflektierenden Denkens vor etwa 2500 Jahren, wird von

den meisten Experten auf die Existenz kultureller Vielfalt zurückgeführt. Dies gilt sowohl für den abendländischen Urvater der Philosophie, Thales, der in dem besonderen Spannungsfeld der kulturellen
Vielfalt in der Hafenstadt Milet in Kleinasien wirkte (siehe u.a. Kranz
1971), als auch für den Einfall arischer Stämme nach Nordindien als
wesentlicher Stimulator indischer Philosophie. Und auch heute gilt
kulturelle Vielfalt als eine wesentliche Anregung für Innovation: Dies
wird bei der Vorstellung der Auflösung von Widersprüchen als wesentliche Quelle für Innovationen von Altschuller (1986) ebenso klar
wie bei der Diskussion interkultureller Synergie durch Thomas (1996).
Wenn also Innovation zwar nicht Kultur, aber doch kulturelle Vielfalt
zerstört, beraubt sie sich ihrer eigenen Reproduktionsgrundlage.

Wirklich ›kultursensitive Innovation‹, die über eine Anpassung von
Farben und Formen an Vorlieben in bestimmten Ländern hinausgeht,
scheitert heutzutage oft am Dogma des freien Handels, der seinerseits
mit der Forderung nach fairem Wettbewerb begründet wird. Auch diese Argumentation muß jedoch umgekehrt werden. Denn aus der Perspektive der Kultur gibt es keinen fairen Wettbewerb! Dies liegt einfach
daran, daß Kultur mehr darstellt als eine Voraussetzung für Profitmaximierung. Selbst wenn man sich auf den Wettbewerbsgedanken einläßt, mag diese in einigen Kulturen (USA, Singapore) besonders einfach
zu realisieren sein. Andere Kulturen bieten jedoch bessere Voraussetzungen für Philosophie (Deutschland, Frankreich), intellektuelle Vielfalt (Indien), ganzheitliche Einbindung der Persönlichkeit (Japan), Lachen (Senegal), Tanz (Brasilien) oder Design (Italien). Kann es als fair
bezeichnet werden, nur die Profite zur Meßlatte internationalen Austauschs zu machen? Offensichtlich nicht. Und erst recht nicht sinnvoll
ist dies bei dem Wunsch nach Innovation: Den ökonomischen Wettbewerb kann niemand gewinnen, nur Einzelne können mehr oder weniger gut davon profitieren. Zu verhindern ist, daß er Vielfalt zerstört.

Kultursensitive Innovation im Sport:
Ein Seiltanz zwischen Notwendigkeit und Naivität

Die Forderung nach kultursensitiver Innovation mag noch so wichtig
und sympathisch sein; ihre Realisierung ist alles andere als einfach.
Hierfür ist eine ganze Reihe von Gründen verantwortlich:

Erstens kann selbst aus analytischer Perspektive die wechselseitige
Abhängigkeit von Kultur und technisch-organisatorischen Lösungen
nicht eindeutig beschrieben werden – in manchen Wissenschaftsszenen
wird ein solcher Zusammenhang sogar schlichtweg negiert.

Zweitens kann Kultur sicher nicht prinzipiell positiv belegt werden.
Kultur kann, wie oben schon diskutiert, Quelle sein von Innovation

und Identität, auf der anderen Seite aber auch Ausgangspunkt von ethnischen Spannungen und Konflikten.

Drittens ist gerade im Hinblick auf Kultur und Sport größte Vorsicht geboten bei einer ausschließlichen Bewahrungshaltung. Sinngehalte und die Intensität der Wechselwirkung zwischen Sport und Gesellschaft waren im Laufe der Geschichte abhängig vom kulturellen Kontext starken Veränderungen unterworfen: Während dem Ballspiel der Mayas nahezu allumfassende gesellschaftliche und politische Funktionen zugeschrieben wurden (Uriarte 2000), ist der Umgang mit dem Körper im christliche Europa traditionell viel problematischer. Als weiteres Beispiel unterscheiden sich das Gewaltniveau im Sport und in der Gesellschaft im alten Griechenland und in der heutigen westlichen Welt erheblich, ebenso die Interpretation von Ehre und Ethos. Die Wettbewerbs- und Rekordorientierung im Sport scheint eine besondere Ausprägung ›unseres‹ westlich-industriellen Kulturkreises zu sein.

Als wesentliche Schlußfolgerung darf kultursensitive Innovation also weder statisch kulturbewahrend noch ethnozentrisch gestaltet werden. Norbert Elias (1997: 75) bringt dies auf den Punkt:

»Was Griechenland betrifft, so ist man hin und her gerissen zwischen den hohen humanen Werten, die man mit den Errungenschaften in Philosophie, Naturwissenschaft, bildender Kunst und Dichtung verknüpft, und dem geringen menschlichen Wert, den man scheinbar den alten Griechen beimißt, wenn man von ihrer gering ausgeprägten Abneigung gegen physische Gewalt spricht, als ob man sagen will, daß sie, verglichen mit uns, ›unzivilisierter‹ oder ›barbarischer‹ gewesen sind. Genau das ist ein Mißverständnis des Wesens des Zivilisationsprozesses. Die vorherrschende Neigung, Begriffe wie ›zivilisiert‹ und ›unzivilisiert‹ im Sinne von ethnozentrischen Werturteilen zu gebrauchen, als absolute und verbindliche moralische Urteile – ›wir sind gut, und die sind schlecht‹ oder umgekehrt – verwickelt unsere Überlegungen offenbar in unlösbare Widersprüche.« Kopfmüller et al. (2001: 261) fordern daher eine kooperative Innovation als Voraussetzung für kultursensitive Innovation: »Was als schützenswertes kulturelles Erbe zu betrachten ist, welche kulturelle Vielfalt es zu erhalten gilt, kann nicht – als sozusagen ontologisch gegeben – vorausgesetzt werden. Vielmehr kann dies in vielen Fällen nur in komplexen Kommunikationsprozessen, an denen heute eine Vielzahl verschiedener Akteure beteiligt ist, ermittelt werden.«

Der Dimensionenansatz in der Erarbeitung der Zusammenhänge zwischen Kultur und Technologie

Für eine analytische Beschreibung der Zusammenhänge zwischen Kultur und Technologie (als Ausgangsbasis für Innovation) soll im folgenden der bereits erwähnte Industriekulturansatz von Ruth (1995) zugrunde gelegt werden. Ruth bezeichnet die Betrachtungsperspektiven auf Kultur als Dimensionen. Diese sollen es ermöglichen, die Komplexität eines kulturellen Umfeldes systematisch und möglichst vollständig zu erarbeiten. In seiner Studie führt Ruth die folgenden fünf Dimensionen ein:

- Soziale Institutionen
- Bildung und Ausbildung
- Industrielle Organisation
- Politik
- Psychologie

Ruth hat diese Dimensionen für das Anwendungsbeispiel der Produktionstechnik abgeleitet. Für ein so vielfältig in den Alltag eingebundenes Phänomen wie Sport dürften diese Dimensionen zwar ebenfalls wichtig sein, jedoch nicht ausreichen, um die gesamte Bandbreite der Wechselwirkungen zwischen Sport, Kultur und Technologie zu beschreiben. In (Moritz 2003a) habe ich daher Ruths Dimensionen um einige weitere ergänzt:

- Klima und Geographie
- Andere Umweltfaktoren (Materialien, Oberflächen)
- Trends und Lifestyle
- Anthropometrie

Im folgenden soll die Wirkungsweise dieser Dimensionen an Hand einiger Beispiele illustriert und daraus Perspektiven für Innovation im Sport abgeleitet werden.

Exemplifizierung der Erklärungsmacht der Dimensionen und
Schlußfolgerungen für Innovation im Sport
Soziale Institutionen: Billige und altmodische Fahrräder – aber neueste Golfkurse und Golfausrüstung in Japan

Eines fällt sogar einem Kurzzeit-Besucher in Japan auf: Fast alle Fahrräder sind altmodisch-sperrige standardisierte Vehikel mit grausam quietschenden Bremsen und einem zwar praktischen, aber auch extrem häßlichen Einkaufskorb. Mountainbikes gibt es mittlerweile einige wenige; Rennräder sucht man vergebens.

Für dieses Phänomen gibt es eine Reihe von Erklärungsmöglichkeiten. Die erste ist zweifellos der ungewöhnliche Umgang mit Mobilität in Japan, insbesondere in Tokyo. Hier wird das Fahrrad fast ausschließlich als ›Zubringer‹ zum Bahnhof und für örtliche Einkaufsfahrten benutzt. In der Stadt selbst ist das Fahren nur auf dem Bürgersteig erlaubt – und dort tummeln sich Heerscharen von Menschen (vgl. Moritz 1999). Fahrräder gelten darüber hinaus als Zeichen der Armut: Nach einer Studie des früheren Bauministeriums sind es in erster Linie Frauen und Senioren, die Fahrräder benutzen (Minato 1998). Keiner will deshalb mit einem Fahrrad zum Büro fahren; der Image-Eindruck beim anderen Geschlecht ist erst recht verheerend.

Man kann jene Nutzung des Fahrrads in Japan aber auch anders erklären. Offensichtlich haben Japaner ein komplett andersartiges Verhältnis zu ihrem Körper als zum Beispiel Zentraleuropäer. Sport wird zwar an Schulen und Universitäten stark unterstützt, aber anschließend ändert sich der Umgang mit dem Körper in Japan völlig. Sogar die Gymnastikpausen in den Unternehmen verschwinden zusehends. Der Unterschied ist nicht nur quantitativ. Auch der Zweck ist ein anderer: Erwachsene Japaner (be)nutzen physische Aktivitäten zur Kommunikation, Integration und zur Beziehungspflege. An Schulen steht die Zielsetzung im Vordergrund, Disziplin und Leiden zu lernen und seinen eigenen Körper zu beherrschen. Es gibt wenige Sportaktivitäten, die ganz einfach Spaß machen sollen; selbst der sogenannte Funsport besteht in Japan fast ausschließlich aus kurzfristig kommerzialisierten Moden. Es gibt kaum einen intrinsischen Drang für Bewegung (der Spaziergang ist komplett unbekannt), und auch die Balance von Körper und Geist scheint kein Ziel zu sein (man könnte aber argumentieren, daß der Besuch heißer Quellen dieses Ziel verfolgt).

Kein Wunder also, daß das Rad auch aus dieser Perspektive heraus in Japan nur für kurze zielgerichtete Wege benutzt wird. Es eignet sich auf den schmalen Straßen weder für ein lockeres Beisammensein noch für eine Disziplinierung des Körpers. Als Statussymbol sind teure Fahrräder noch undenkbar. Der Ausgleich von ›Bewegungsmangel‹, der ja so gar nicht wahrgenommen wird, ist kaum gefragt; ebenso wenig der Spaß beim lockeren Rollen über den Asphalt. Als komplementäres Beispiel ist das in Deutschland anhaltend populäre Inline-Skaten aus dem Leben und den Verkaufsräumen wieder verschwunden und bleibt eine Modeepisode aus den Jahren um 2000.

Ein anderes Beispiel für die unterschiedliche Funktion von Sport in Japan ist die Bedeutung des Golfs. Dies ist nicht nur heutzutage eine der beliebtesten Sportaktivitäten in Japan, schon 1972 bezeichneten 20% der männlichen Bevölkerung Tokyos Golf als eine ihrer wichtigsten Freizeitaktivitäten (Linhart 1990). Dies ist umso erstaunlicher, da weder geographische noch soziale Rahmenbedingungen Golf als Sport unterstützen: Freier Grund ist selten und teuer, Freizeit ist limitiert und der Sonntag der Geschäftsleute sollte eigentlich der Familie gehören. Dennoch hat Golf alles, was Japaner im Sport suchen: gemeinsame Aktivitäten mit Statuswert, Spielcharakter, Draußensein in einer künstlichen perfekten Welt, vergleichsweise geringe physische Anforderungen.

Perspektiven für Innovation im Sport: Soziale Institutionen haben durch ihre traditionsbasierte ›Materialisierung‹ kulturell-sozialer Charakteristiken eine größere Beharrungstendenz als fast alle anderen Di-

mensionen. Bei Innovationsvorhaben sollten sie daher eher einen Such-
und Gestaltungskorridor für neue Lösungen vorgeben und nicht einfach selbst in Umgestaltungsprozesse einbezogen werden. So lassen
sich sicherlich in und für Japan verbesserte Fahrräder entwickeln; der
niedrige Status muskelgetriebener Fortbewegung kann jedoch kaum
durch ein neues Produktangebot (Tourenrad) von heute auf morgen
umgewandelt werden. Ebenso sind bei der Entwicklung neuer Sportarten für die gehobene Schicht Status und Gemeinsamkeit wichtiger als
Fitneß und Gesundheit.

Ausbildung und Training: Die ›individualisierte Fitneß‹ an amerikani-
schen Schulen

Eine Besonderheit, die oben als charakteristisch für Japan bezeichnet wurde, gilt in mancher Beziehung auch für die USA: Trotz des
Aufmarschs der Walker und des Hip-Step-Bump-Pump in den Fitneß-
studios ist Sport für die meisten Amerikaner eher eine wehmütige Erinnerung an Schule und Hochschule. Wo ein Geschäft gemacht werden
kann, tritt auch ein Trainingshamster ins Rad – aber weder gibt es
Sportvereine noch ist ein Gang um die Ecke zum Brötchenholen zu Fuß
vorstellbar. Nur die Schulen und Universitäten sind weltweit einmalig
gut ausgestattet. Hier ist Sport und Bewegung zu Hause.

Dennoch gibt es einen entscheidenden Unterschied, insbesondere
zu Japan. Denn anders als dort wird in den USA die sportliche Ausbildung auf die Bedürfnisse des Einzelnen zugeschnitten. Meist empfiehlt
ein Supervisor ein Sportprogramm, das die individuellen Fähigkeiten
und Interessen so gut wie möglich berücksichtigt. Er wählt dabei aus
dem umfangreichen Programm aus und entwickelt einen maßge-
schneiderten Trainingsplan. Der Ansatz hierbei ist jedoch sehr ›mechanisch‹ (worauf nicht zuletzt auch die Bezeichnung des Schulfaches *physical education* hinweist): Der Körper wird mehr oder weniger als bio-
mechanischer Apparat betrachtet, dessen Leistung durch ein entspre-
chendes Training zu optimieren ist. Diese Einstellung ändert sich auch
später kaum: Das Leben im Fitneßstudio ist eher ein merkwürdig auti-
stisches Nebeneinander als ein freudvolles Miteinander.

Perspektiven für Innovation im Sport: Die hier gezeigte Einstellung
zum Training und zur Fitneß hat natürlich auch Konsequenzen für Innovation bei Trainings- und Fitneßgeräten. Um ein Beispiel zu nennen:
Für ein biomechanisch orientiertes, auf Leistung optimiertes Fitneßtraining braucht man Geräte, bei denen die individuelle Leistung auf
verschiedenste Weise eingestellt und gemessen werden kann. Dies ist
sicherlich einer der wesentlichen Gründe, warum die USA bei compu-
tergesteuerten Fitneßgeräten eine Führungsrolle einnehmen. Auch im
Heimtraining findet man diese Einstellung; auch hier wird personali-

siertes ›Training‹ gesucht – und der Bedarf durch immer neue Apparate gedeckt und wieder geweckt; in einem erstaunlichen Zirkel zwischen Banalität und Naivität. Ein weiteres Themenfeld wäre das des Kulturaustausches von Trainingsmethoden.

Industrielle Organisation: Hochleistungssportgeräte als ultimative Herausforderung für Facharbeiter?

In vielen Sportarten des Hochleistungssports spielt das ›Material‹, wie es oft genannt wird, eine entscheidende Rolle. Und auch wenn hier zusehends wissenschaftliche Erkenntnisse eine Rolle spielen, müssen diese auf das System Sportgerät-Athlet-Umfeld situativ optimal angepaßt werden. Dies wiederum ist eine klassische Herausforderung für Facharbeiter, ebenso wie die Produktion der in kleinsten Stückzahlen hergestellten Sportgeräte.

Tenner (1996) rekonstruiert deshalb einen interessanten Zusammenhang zwischen dem Erfolg in bestimmten Sportarten und dem nationalen Ausbildungssystem. Dementsprechend wies schon Timothy Smith darauf hin, daß die Amerikaner zwar an die Macht der Technologie glauben, aber eher in solchen Sportarten erfolgreich sind, in denen es auf die Fähigkeiten der Athleten ankommt. Laut Tenner ist hierfür das Fehlen von Facharbeit in den auf Massenproduktion ausgerichteten USA verantwortlich. In vielen der technikintensiven Sportarten hinkten die westlichen Nationen sogar deutlich hinter den damaligen Ostblockstaaten, insbesondere der DDR, zurück – obwohl deren wirtschaftliche Leistungsfähigkeit verlacht wurde.

Noch ein weiterer Zusammenhang läßt sich hier herstellen. Es ist sicher kein Zufall, daß in den Ländern, in denen industrielle Arbeitsteilung besonders ausgeprägt ist, auch Sportarten populär sind, in denen sich ›Arbeitsteilung‹ findet. So ist der American Football im Vergleich zum Fußball sehr arbeitsteilig organisiert: Fast jeder Spieler hat nicht nur eine genau vorgegebene Rolle, sondern auch eine definierte Aufgabe in jedem Spielzug. Auch die Popularität von Baseball in Japan paßt in diese Erklärungshypothese.

Perspektiven für Innovation im Sport: Wenn Erfolg im Hochleistungssport tatsächlich Facharbeit benötigt, könnte man schlußfolgern, daß entsprechend erfolgshungrige Nationen und Sportverbände sich an den Ausbildungsstrukturen für Facharbeit, zum Beispiel dem dualen System in Deutschland oder den Ansätzen in Skandinavien, orientieren. Es ist jedoch fraglich, ob ohne eine Existenz der Ausbildungstraditionen und -institutionen ein solcher Transfer einfach möglich ist.

Politik: Nationalstolz als Ausgangspunkt für die Entstehung von High Tech Sportgeräten? Eine Argumentation aus der letzten Dimension mag auf Widerspruch stoßen: War es wirklich in erster Linie die Facharbeit, die für den Erfolg in manchen Sportarten im damaligen Sozialismus verantwortlich war? Oder war es nicht eher chemische und medizinisch-biologische Kompetenz und die diktatorische Macht des Zentralstaats über so genannte Staatsamateure? Die Wahrheit liegt sicher nicht bei einem Entweder-Oder. Dies wird unter anderem dadurch unterstrichen, daß sozialistische Länder mit anderen Ausbildungsstrukturen wie China zwar in Sportarten wie Schwimmen, Gewichtheben und Turnen erfolgreich waren, aber in keiner der Sportarten, in denen Gerätetechnik eine Rolle spielt.

Wie auch immer: Es ist sicherlich für den nationalen Erfolg im Hochleistungssport von großer Bedeutung, in welchem Umfang und wie dieser von den politischen Institutionen gefördert wird. In Deutschland sponsert das Innenministerium ein weltweit einmaliges Institut für die Entwicklung von Hochleistungs-Sportgeräten (FES). Dies steht in seiner Tradition allerdings eher für Kompetenz als für Innovation. In Japan wurde im Nachgang der mäßigen Erfolge bei den Olympischen Spielen der 90er im Jahre 2001 ein Nationales Institut für Sportwissenschaft mit allen denkbaren sportwissenschaftlichen Einrichtungen eingeweiht, jedoch ohne die technisch-innovative Dynamik einer Abteilung für Geräte und Materialien. Länder wie Kenia oder Kolumbien haben gar keine Ressourcen für solche Institutionen – sie ziehen ihren Wettbewerbsvorteil aus ›natürlichen‹ Gegebenheiten.

Perspektiven für Innovation im Sport: Erfolgreiche Innovation im Hochleistungssport bedeutet Investition. Ohne diese kann auch der innovativste Geist seine Entwicklungen nicht optimieren, nicht die besten aller Materialien einsetzen – abgesehen davon, daß das innovative Potential im Hochleistungssport durch die vielen Reglements eher klein ist. Deshalb ist hier organisatorische Innovation gefragt; die Investitionen müssen optimal eingesetzt werden. Dies wiederum wird leider oft von politischen und strategischen Überlegungen innerhalb der meist konservativen Sportverbände geprägt, und nicht von neuen Ideen und Erkenntnissen. Hier könnte man sicher von der Evaluierung unterschiedlicher Ansätze in verschiedenen Ländern lernen – allerdings muß immer klar sein, daß diese Anregungen an das jeweilige Umfeld angepaßt werden müssen.

Psychologie: ›Kooperative‹ versus ›individualisierende‹ Sportgeräte. Ruths fünfte Dimension, Psychologie, beeinflußt zwar offensichtlich den Sport in vielfältiger Weise; es mag jedoch schwierig erscheinen, dies konkret auf Innovation im Sport zu beziehen. Wenn man jedoch einen Blick auf die Manifestationen von Psychologie bei Ruth wirft, wie ›Identität‹ und ›Sozialisationstypen‹, kommt man einem interessanten Beispiel für kulturellen Einfluß auf die Spur. Die Ausgangsfrage hierbei ist, ob Menschen in erster Linie als Individuen, oder primär als Teil eines größeren Ganzen, einer Gruppe, einer Gesellschaft, verstanden werden.

Markus und Kitayama (1991) haben hierfür die Begriffe »individualistic versus collectivistic self-construal« geprägt. Und auch wenn mit dieser Unterscheidung schon beliebig viel Schindluder getrieben wurde, lassen sich doch einige nützliche Erklärungsmuster herleiten. So findet sich das kollektivistische Selbstbild in vielen ›östlichen‹ Festivals und Sportaktivitäten. Beispiele hierfür sind der chinesische Drachentanz, bei dem man den einzelnen Sportler gar nicht mehr identifizieren kann, das gemeinsame Tempeltragen in Japan, das in Korea populäre Schleuderbrettspringen oder Terompah Gergasi (Gehen in Riesensandalen) in Malaysia (siehe auch Orlick 1982). Im Westen dagegen wird selbst Teamsport zusehends individualisiert – wie die Myriaden von oft sinnentleerten Statistiken beim American Football, tragischerweise sogar zusehends beim Fußball, zeigen.

Perspektiven für kultursensitive Innovation im Sport: Als konkretes Projekt haben wir in der SportKreativWerkstatt Prototypen für Fitneßgeräte entwickelt, die ein ›kollektivistisches Fitneßtraining‹ ermöglichen. Wir planen damit auch eine Anwendung in verschiedenen Kulturkreisen, um die beschriebenen Hypothesen zu evaluieren. Anregungen für Innovationen sollten sich auch aus der Analyse weiterer Aspekte der ›Psychologie‹ – wie Spaß, Leidenschaft, Temperament, Spielwitz und Kampfgeist – in ihrem kulturspezifischen Einsatz im Sport ergeben. In Innovationsvorhaben könnte man versuchen, erfolgreiche Charakteristiken aus anderen Kulturen mit den Mitteln der eigenen Kultur zu erreichen. Als konkretes Beispiel könnte man nach Wegen suchen, wie der deutsche Fußball mehr Spielwitz und Leidenschaft bekommt: diese dürften für den Erfolg des Fußballs in Brasilien verantwortlich sein, die brasilianischen Wege dorthin sind jedoch für Deutschland sicher nur zum Teil geeignet.

Da die Diskussion der folgenden Dimensionen nicht auf exemplarische Vorbilder und methodische Hinweise aufbauen kann, ist sie notwendigerweise mehr explorativ und weniger spezifisch.

Klima und Geographie
Auch wenn diese Dimension in ihrer Existenz und Wirkung viel offensichtlicher ist als zum Beispiel ›Psychologie‹, bleibt die Frage, ob sie überhaupt ein Aspekt von ›Kultur‹ ist. Diese hat zwar akademische Be-

rechtigung, soll aber für die Praxis der Innovation hier nicht weiter vertieft werden. Denn spätestens bei einem Vergleich der Extreme, des kulturellen und sozialen Lebens am Polarkreis und am Äquator, wird klar, daß Klima und Geographie sowohl Kultur als auch Sport und Technik intensiv beeinflussen.

Beim Sport sind diese Einflüsse so offensichtlich, daß sie sogar die zentrale Pointe eines Films (*Cool Runnings*, die Geschichte eines Bobteams aus Jamaica) darstellten. Ähnlich widersprüchlich wäre ein Eis-Champion aus Kenia oder die Niederlande als führende Nation im Ski Alpin. Allerdings wirkt auch hier die Globalisierung: Es bedarf schon einiger Erklärungsklimmzüge, um nachzuvollziehen, daß ein Schweizer Team den America's Cup gewinnt.

Perspektiven für Innovation im Sport: Um aus der Betrachtung dieser Dimension nützliche Erkenntnisse für Innovation im Sport abzuleiten, sollten zunächst die Einflußfaktoren, die hier unter ›Klima‹ und ›Geographie‹ zusammengefaßt werden, expliziert werden. Hierunter fallen unter anderem Temperatur, Wind, Niederschlag, Höhe über Normal Null, das Verhältnis von Land zu Wasser, das Vorhandensein von Hängen usw. Dann könnte die Möglichkeit einer Übertragung erfolgreicher Sportarten in andere Regionen, auch unter Einsatz neuer Technologie, überprüft werden. Beispiele sind Skifahren in Städten (Polymerschnee), Surfen auf Flüssen (Standwelle) oder Volleyball im Sand am See (Beachvolleyball). Bisher wurden meist Personen übertragen: Amerikaner, die in den Alpen Ski fahren; Europäer, die vor Hawaii surfen – unter Umweltgesichtspunkten ein problematisches Vorgehen.

Andere Umweltfaktoren
Neben dem Klima und den geographischen Gegebenheiten beeinflussen noch viele weitere Faktoren des ›Umfelds‹ die Entwicklung von Technologie und Sport. Wieder bringt Orlick (1982: 12) interessante Beispiele: »The Inuit of the Canadian Arctic made their own ›beach balls‹ by blowing up seal bladders and ›softballs‹ by stuffing caribou hides with hair or moss. They turned light stones and animal bones into juggling balls, caribou antlers into bats, and animal hides into tossing blankets, skipping ropes, whips, leather high bars, and gymnastic rings.« Weitere Beispiele für den Einsatz spezifischer Materialien finden sich fast überall: Das in Thailand so beliebte Tac-Raw wird mit Bambusbällen gespielt, die Sumo-Gürtel (Mawashi) aus Japan sind aus extrem festem Segeltuchleinen.

Neben Materialen für die Herstellung von Sportgeräten gibt es noch weitere Umweltfaktoren: Oft sind Tiere Teil sportlicher Aktivitäten, wie im Kamelrennen, Hundeschlittenrennen oder im Krokodilringen. Bäume und Felsen können als Klettergelegenheiten genutzt werden.

Und auch unterschiedliche Oberflächen ermöglichen spezifische Sportarten, wie Beachvolleyball oder Eisstockschießen.

Perspektiven für Innovation im Sport: Aus einer Betrachtung dieser
Dimension können direkt Anregungen für eine Übertragung von Ideen
in andere Umgebungen entstehen, optimalerweise unter Nutzung der
jeweils vorhandenen Ressourcen. Beispiele sind Surfbretter mit einem
Bambuskern oder Skier für Abfahrten auf Sand. Dabei sollten jedoch
nicht mit Gewalt Transfers von Sportarten in Orte versucht werden, die
hierfür offensichtlich gar nicht geeignet sind (Elefantenrennen in den
Alpen, Formel 1 Rennen in Monte Carlo).

Trends in Lifestyle und Mode
Diese Dimension hat sicher die meiste Medienpräsenz heutzutage:
Nach Ansicht einiger Autoren hat Sport sogar mittlerweile eine führende Rolle in der Selbstidentifikation und in der Zurschaustellung von
Lebensstilen:»If the automobile captured the popular imagination of
the fifties, symbolizing the new prosperity of that time, today the ath-
letic shoe has become a more democratic symbol for identity and pre-
stige in multi-cultural America.« (Langehough 1998: 29) Und es ist
nicht nur die Kleidung, sondern auch die Ausrüstung, die Musik, das
Kult-Umfeld: Viele Sportarten wie Snowboarden oder Inline-Skaten
bilden eigene Szenen heraus; gleichermaßen versenken viele gut situ-
ierte Menschen einen Teil ihres Geldes in Golf- oder Segelausrüstung.
Sogar ›Extrem sein‹ ist heute Lifestyle: Ein Beispiel ist der Bungee-
Sprung, eine adaptierte indonesische Tradition, bei der man einen Fuß
an einer Liane befestigte und beim Sprung aus zehn Metern Höhe,
Kopf voran, wirklich Mut beweisen mußte.

Doch bei allen Überlagerungen und Vermischungen von Kulturen
bleibt die je ›traditionelle‹ Kultur zumindest die Voraussetzung, um zu
erklären, warum an bestimmten Orten bestimmte Szenen eher entstehen (Kalifornien) oder schnell adaptiert werden können (Japan). Weiterhin spielen Lifestylefragen eine gewichtige Rolle bei der Suche nach
Erklärungsmustern, warum Computersportspiele in Japan erfolgreicher sind als in Deutschland oder warum sich Mountainbikes genauso
gut in Dänemark verkaufen wie in der Schweiz.

Perspektiven für Innovation im Sport: Hier stellt sich die Frage nach
dem produktiven Potential (post-)moderner Multi- und Transkultura-
lität. Zum einen ist zu überlegen, ob durch eine Übertragung von Sze-
nekulturen in andere Sportarten diese attraktiver gemacht werden
können – ein Beispiel hierfür ist die aus dem Snowboarden übertragene
Freestyle-Ski-Szene durch Jamie Strachan. Zum zweiten stellt die Of-
fenheit für neue Lebensstile einen wesentlichen innovationsförderli-
chen Faktor dar: Es muß bei Innovationsvorhaben deshalb überlegt

werden, inwieweit sich innerhalb bestimmter Kulturen neue Lebensstile überhaupt etablieren lassen. Damit einher geht die Aufforderung, bei Innovation in Technologie die entsprechenden Lifestyle-Kultur gleich mit zu gestalten. Was freilich dazu führen kann, mit massivem Medieneinsatz eine ›Kultur‹ in ein unpassendes Umfeld hineinzudrükken. Skihallen in Tokyo werden dann wieder geschlossen.

Anthropometrie
Diese Dimension betrifft einen Bereich, der im Sport erst in den letzten Jahren wieder ›entdeckt‹ worden ist: die Anpassung von Geräten und Materialien an körperliche Merkmale bestimmter Nutzergruppen. So haben die Sportschuhhersteller erst in den letzten Jahren geschlechtsspezifische Produktdifferenzierungen vorgenommen (im Jahre 2004 wurde dies zu dem großen Thema in der Sportartikelbranche). Sportgeräte für Senioren oder Klettergurte für Kinder findet man hingegen immer noch fast gar keine.

Perspektiven für Innovation im Sport: Auf gleiche Weise wie bei Geschlechtern oder Altersgruppen gibt es auch anthropometrische Unterschiede in verschiedenen Ethnien. Das ist zwar aus bekannten und guten Gründen sehr problematisch und insofern auch nicht Bestandteil des Mainstreams der aktuellen Kulturdiskussion – hat in diesem Fall aber leider seinerseits problematische Konsequenzen. Denn so hat Fitneßequipment in Schweden die gleichen Bewegungskurven und Hebelverhältnisse wie in Korea, bei deutlich unterschiedlichen Torso-Bein-Verhältnissen. Hier sollten deshalb auf handlungspragmatischer Ebene biologische Merkmale in die kultursensitive Gestaltung von Innovation einfließen: Der Pygmäe ist nicht sozial konstruiert.

Praktische Ansätze zur kultursensitiven Innovation

In diesem Abschnitt soll die Frage erörtert werden, wie Innovatoren vorgehen können, um, vorsichtig formuliert, kultursensitive Innovation so gut wie möglich zu approximieren (vgl. auch Moritz 2004b).
Im Prinzip lassen sich hierfür zwei Stoßrichtungen identifizieren:
- Mit einer *defensiv* orientierten Strategie verbindet sich der Versuch, die Rahmenbedingungen einer Kultur, zum Beispiel die dort wertvollen und als wichtig erachteten Traditionen, nicht negativ zu beeinflussen oder zu zerstören;
- durch Innovation können jedoch auch *offensiv* Beiträge für eine Gestaltung der wünschenswerten (kulturellen) Zukunft geleistet werden. Wenn dies als ZielVision eines Innovationsvorhabens gefordert wird, sollten Produkt-/Systemlösungen entstehen, die kulturell nachhaltige Entwicklung aktiv fördern.

In einer defensiven Strategie kann man versuchen, bei Innovationsvorhaben die Abhängigkeit des Innovationsobjektes von dem kulturellen Umfeld explorativ zu erarbeiten, um sicherzustellen, daß durch eine Innovation keine negativen Auswirkungen auf die Kultur zu erwarten sind. Hierbei können die oben eingeführten Dimensionen helfen. Die Erarbeitung eines InnovationsKontextSystems zur Kontextualisierung von Innovationsobjekten (Abb. 1) könnte in entsprechenden Vorhaben durch ein spezifisches KulturKontextSystem ergänzt werden. Auch später im Innovationsprozeß können bei der Auswahl und Detaillierung von Lösungen kulturspezifische Anforderungen und Bewertungskriterien eine wichtige Rolle spielen.

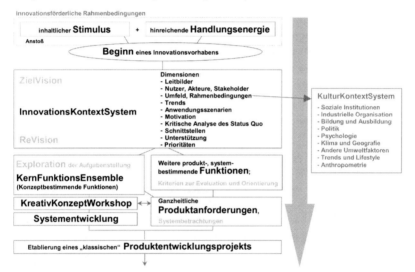

Abb. 1: Die Integration kulturspezifischer Dimensionen in eine Systematik für Innovation in der Sporttechnologie (vgl. Moritz 2004a)

Bei einer offensiven Strategie sollte man versuchen, in Kooperation mit lokalen Institutionen Lösungen für aktuelle Problemlagen der jeweiligen Gesellschaft zu erarbeiten. Beispiele, an denen die SportKreativWerkstatt arbeitet, wären die Entwicklung von muskelgetriebenen Fortbewegungsmitteln für Bangkok und Puebla (Mexico), die Erarbeitung von Sportgeräten für Senioren in Japan und die Entwicklung von sportbasierten kulturvermittelnden Kooperationsaktivitäten.

Der weite(re) Weg zur kultursensitiven Innovation im Sport
Im folgenden sollen einige wesentliche Handlungsfelder für die weitere Arbeit identifiziert werden:

- In analytischer Perspektive muß weiter an einer Verbesserung des Verständnisses über die Wechselwirkungen zwischen Kultur, Sport und Technologie (Innovation) gearbeitet werden;

- hierfür muß auch das methodische Rüstzeug erweitert und das Feld der Dimensionen ergänzt werden. Ein erster Ansatz hierzu findet sich bei Fikus (2003);
- hilfreich für Innovatoren wäre eine Diskurskultur über die Ziele von Innovationen unter der Perspektive der Kultur;
- dazu sollten Kooperationsformen erarbeitet und etabliert werden, die die Zusammenarbeit von Innovatoren und Vertretern wichtiger Akteure und Institutionen der ›Kultur‹ unterstützen;
- in der Aus- und Weiterbildung sollten Innovatoren lernen, Empathie für andere Kulturen zu entwickeln und sich selbst als Produkt der eigenen Kultur zu verstehen.

Literatur

Altschuller, Genrich S. (1986): *Erfinden – Wege zur Lösung technischer Probleme,* Berlin: VEB Verlag Technik.

Elias, Norbert (1997):»Der Sport und das Problem der sozial zulässigen Gewalt«. In: Volker Caysa (Hg.), *Sportphilosophie,* Leipzig: Reclam, S. 68-100.

Fikus, Monika (2003):»The role of body and movement in culture(s), and implications on the design of research on culture and technology«. In: Moritz 2003, S. 89-105.

Garcia Bacca, Juan David (1987): *Elogio de la Téchnica,* Barcelona: Anthropos.

Heinemann, Klaus (1998): *Einführung in die Soziologie des Sports,* Schorndorf: Hofmann.

Ito, Yoshimi/Moritz, Eckehard F. (1997): *Synergy of Culture and Production,* Bd. 1, Sottrum: artefact.

Kopfmüller, Jürgen/Brandl, Volker/Jörissen, Juliane/Paetau, Michael/Banse, Gerhard/Coenen, Reinhard/Grunwald, Armin (2001): *Nachhaltige Entwicklung integrativ betrachtet,* Berlin: edition sigma.

Kranz, Walther (1971): *Die griechische Philosophie,* München: dtv.

Kroeber, Alfred L./Kluckhohn, Clyde (1952): *Culture: A Critical Review of Concepts and Definitions,* Harvard University Peabody Museum of American Archeology and Ethnology Papers 47.

Langehough, Steven (1998):»Symbol, Status, and Shoes: The Graphics of the World at Our Feet«. In: Akiko Busch (Hg.), *Design for Sports,* New York: Princeton Architectural Press.

Lingis, Alphonso (1994): *Foreign Bodies,* London/New York: Routledge.

Linhart, Sepp (1990):»Freizeit und Konsum«. In: Horst Hammitzsch (Hg.), *Japan-Handbuch,* Stuttgart: Franz Steiner.

Markus, Hazel R./Kitayama, Shinobu (1991):»Culture and the Self: Implications for Cognition, Emotion, and Motivation«. In: Psychological Review 98, H. 2, S. 224-253.

Minato, Kiyoyuki (1998): *Road Transportation and Global Environmental Problems,* Tsukuba: Japanese Automobile Research Institute.

Moritz, Eckehard F. (1996): *Im Osten nichts Neues,* Sottrum: artefact.

Moritz, Eckehard F. (1999): »Im Stau. Reflexionen über neuen Verkehr und neue Technik in Tokyo und München«. In: Regina Buhr/Weert Canzler/ Andreas Knie/Stephan Rammler (Hg.), *Bewegende Moderne*, Berlin: edition sigma, S. 147-177.

Moritz, Eckehard F. (Hg.) (2003): *Sports, Culture, and Technology – an Introductory Reader*, Sottrum: artefact.

Moritz, Eckehard F. (2003a): »Taking Care of Culture: The concept of region-oriented technology development and some exemplifications in sports equipment design«. In: Moritz 2003, S. 9-45.

Moritz, Eckehard F. (2004a): »Systematische Innovation in der Sporttechnologie«. In: Eckehard F. Moritz/Jürgen Edelmann-Nusser/Kerstin Witte/ Karen Roemer (Hg.), *Sporttechnologie zwischen Theorie und Praxis*, Bd. 2, Aachen: Shaker.

Moritz, Eckehard F. (2004b): »Nachhaltige Innovation im Sport«. In: Hans Gros et al. (Hg.), *Sporttechnologie zwischen Theorie und Praxis*, Bd. 3, Aachen: Shaker.

Orlick, Terry (1982): *The second cooperative sports and games book*, New York: Pantheon Books.

Plessner, Helmuth (1956/1985): »Die Funktion des Sports in der industriellen Gesellschaft«. In: Helmuth Plessner, *Gesammelte Schriften*. Hg. v. Günter Dux et al., Bd. X, Frankfurt a.M.: Suhrkamp, S. 147-166.

Romberg, Markus/Eble, Boris/Röse, Kerstin/Krauß, Lutz (1997): *Anforderungen außereuropäischer Märkte an die Gestaltung der Maschinenbedienung*, Endbericht zum BMBF-Projekt INTOPS, Universität Kaiserslautern.

Ruth, Klaus (1995): *Industriekultur als Determinante der Technikentwicklung*, Berlin: edition sigma.

Tenner, Edward (1996): *Why Things Bite Back. Technology and the Revenge of Unintended Consequences*, New York: A. Knopf.

Thomas, Alexander (Hg.) (1996): *Psychologie interkulturellen Handelns*, Göttingen: Hogrefe.

Urabe, Kuniyoshi (1988): »Innovation and the Japanese Management System«. In: Kuniyoshi Urabe/John Child/Tadao Kagono (Hg.), *Innovation and Management – International Comparisons*, Berlin/New York: de Gruyter.

Uriarte, Maria Teresa (2000): »Práctica y símbolos del juego de pelota«. In: arqueología mexicana VIII, Nr. 44, S. 28-35.

Weis, Kurt (1995): »Sport und Religion«. In: Joachim Winkler/Kurt Weis (Hg.), *Soziologie des Sports*, Opladen: Westdeutscher Verlag.

Womack, James P./Jones, Daniel T./Roos, Daniel (1990): *The machine that changed the world*, New York: Macmillan.

World Commission on Environment and Development (1987): *Our Common Future*, Oxford.

CHRISTOPH AUFFARTH

Kontrollverlust – Antike Bewegungskultur und antike Religion: Euripides beobachtet ein Dionysos-Ritual

›*Sport als Religionsersatz*‹ –
*Einige Überlegungen über das Verhältnis von Sport und Religion/
Sportwissenschaft und Religionswissenschaft*

1. Das Verhältnis von Religion und Sport ist durch den Vorgang der Säkularisierung belastet: Die wachsende Ausdifferenzierung der Gesellschaft mit der Entwicklung eigener, teilweise als ›eigengesetzlich‹ der öffentlichen Kontrolle entzogener Sinnprovinzen wurde von den Kirchen im 19. Jahrhundert als Enteignung ihrer Ressourcen empfunden.

2. Die Semantik des entstehenden Sports hat sich zwar anfangs noch auch christlicher Symbole bedient. Die vier F des deutschen Turnerbundes sind in Kreuzform angeordnet, die Jahns Wahlspruch verschlüsseln: Frisch – Fromm – Fröhlich – Frei. Das »Fromm« ist aber nicht eine Verknüpfung mit christlich-kirchlicher Religiosität.

3. Die Semantik hat sich eher Symbole der antiken Religion gewählt, kirchlich gesehen: des Heidentums. Die körperliche Anstrengung, das Agonale (vgl. Meuli 1926), die ästhetisch-erotische Körperlichkeit, die Völkerverständigung werden zu Werten stilisiert und geweiht (und damit ihre Anstößigkeit dem rationalen Diskurs entzogen) durch die Anknüpfung an die Olympischen Spiele der Antike. Dort ist Religion und Sport miteinander verbunden, wie Baron de Coubertin hervorhob.

Der nationalsozialistische Körperkult bezog sich explizit auf die antike Nacktheit im Sport.[1]

4. Eine Bezeichnung zeigt, wie auch wieder Gemeinsamkeit in der Wahrnehmung zu beobachten ist: Fanatismus gilt allen als unserer Kultur nicht angemessen. Es ist ein Begriff der Antike: *Fanum* heißt das Heiligtum, der Tempel. *Fanatici* waren diejenigen, die nach der Christianisierung des Römischen Reiches weiterhin an ihren Tempeln blieben und auch gegen Repressionen ihre traditionellen Riten durchführten.

5. Die Eröffnungsfeiern der Fußball-WM in Frankreich und der Olympischen Spiele in Australien/Sydney verbanden kultische Feier mit Sport: In Paris personifizierten übermenschlich monumentale Figuren der vier ›Fußballkulturen‹ der Welt, die sich als Roboter selbst bewegen konnten, um den ins Riesige überhöhten Weltpokal.[2] In Sydney vollzogen Aborigines kultische Rituale vor den Augen eines Publikums aus aller Welt.

6. Man kann aber, wenn man sich nicht in die theologische Sinnbildung und Polemik/Apologetik einwickeln läßt, beschreibend die Gemeinsamkeiten und Differenzen von Sport und Religion nebeneinander stellen unter der Perspektive von Gemeinschaftsbildung, Regelhaftigkeit, Spiel, Ritual, Körperempfinden, Emotionen (Bromberger 1995: 295).

Der ›Prozeß der Zivilisation‹ und das Christentum als eine bewegungslose Religion

1. Das Christentum ist eine Religion, die Bewegungen für heidnisch erklärt, weil sie vom Wesentlichen ablenke. Der Tanz um das Goldene Kalb (Exodus [2. Mose] 32) ist in doppeltem Sinne ein Bild von der falsch betriebenen Religion. Zum einen ist es das Bild einer Gottheit, das dem Prinzip der Bildlosigkeit der jüdischen wie der christlichen Religion widerspricht. Zum andern ist es aber auch das Tanzen, das die christliche Religion zu bestimmten Zeiten als das Kennzeichen der Heiden bekämpfte.[3]

---

1 Vgl. Alkemeyer 1996. – Das Thema fehlt im Artikel *Körperkultur* im Rezeptionsband des DNP (vgl. Groppe 2000). Wichtige Informationen über die in Griechenland im 19. Jahrhundert organisierten Olympien bei Georgiadis 2000; Sinn 2001.

2 Vgl. Abbildungen dazu in MLR 3 (2002): 417 (WM Frankreich 1998); MLR 4 (2002): Umschlagbild und Legende dazu S. iv (Olympische Spiele 2000).

3 Zur Rezeption des antiken Tanzes v.a. im 20. Jh. vgl. Brandstetter 1995; Schulze 2003; Winter 1998.

Abb. 1: Holzschnitt Nr. 61 aus dem *Narrenschiff* von Sebastian Brant 1494
Das Bild zeigt, daß die, die um das Stierbild herumtanzen, Narren sind, Wi-
dersacher der christlichen Religion.

2. Vor allem in der Reformation[4] und danach noch einmal verschärft in der (protestantischen) Aufklärung[5] werden Bewegungen noch einmal schärfer bewertet: Sie lenkten ab vom Entscheidenden der Religion. Protestanten kritisieren die spätmittelalterliche Festkultur. Religion wird reduziert auf das Hören und das Vernehmlichmachen des Wortes Gottes. Trennung von Messe und Messe/Jahrmarkt, von Weihnachtsevangelium und Karpfen-Essen, von Weihnachtsmann und Christkind. Religion soll nur Spiritualität sein, die Kontexte ausgeblendet. Dagegen hat sich die Religionswissenschaft seit etwa 1900 (damals noch die Wissenschaft von den *anderen* Religionen, unter weitgehender Aussparung der eigenen) auf Bewegungen unter dem Begriff des Rituals konzentriert (vgl. Bremmer 1998). Bewegungen seien das, was immer wiederholt werde, die Worte und Erklärungen dagegen wechselten.

3. Bewegungen findet man wieder auf den Kirchentagen. Im normalen Protestantischen Gottesdienst dagegen steht man nur – gemessen – auf in Ehrfurcht vor Gott (Gebet, Verlesung des Wortes Gottes). Reduktion der Bewegung, der Atmung soll der Konzentration dienen, Augen und Ohren schließen sich ab gegen Außeneindrücke und Wahrnehmungen.

4. Damit steht Religion/Christentum aber nicht allein da in der Europäischen Religionsgeschichte. Norbert Elias hat das – im Angesicht der Barbarei als kontrafaktische Utopie? – als eine langfristige zielgerichtete Evolution beschrieben:»Der Prozeß der Zivilisation« (Elias 1939) reduziere die Bewegungsamplituden, die natürlichen Instinkte. Man kann das in der Regulierungswut der FIFA erkennen. Der Fußball soll zivilisiert werden: so das Verbot der Blutgrätsche, der Rudelbildung, Entblößung des Oberkörpers, Zunge herausstrecken (vgl. Elias/Dunning 1984; 2003). Neue wilde Varianten bilden sich wie American Football oder Rugby.

5. Erst in den 70er Jahren des 20. Jahrhunderts gab es wieder eine Wahrnehmung der Körperlichkeit gottesdienstlicher Rituale im Protestantismus; und alternative Formen, die Bewegung gerade fördern. Im Christentum sind ekstatische Formen der Religion, die in den frühen Gemeinden noch üblich waren, systematisch unterdrückt, so das Zungenreden oder Zuckungen. Wenige christliche Konfessionen haben sie systematisch eingeführt so etwa die Pfingstler und Shaker. Aber der gegenwärtig riesige Erfolg der Pfingstler/Pentecostals beruht nicht nur auf ihrer aggressiven und mit massiven Spendengeldern möglichen Missionsmethoden,[6] sondern auch weil sie indigene Religionsformen

---

4 Vor allem die Reformierten (Zürcher um Zwingli und Genfer um Calvin) reduzieren die Liturgie auf die Übermittlung von Gottes Wort.
5 Klassisch die Darstellung von Graff 1921/1938.
6 Am Beispiel Südamerika Martin 1990. Ein Pfingstler zu Körperlichkeit im Christentum: Hollenweger 1979.

besser integrieren können. Hier werden Ekstasetechniken geradezu gefordert als Eintritt in den inneren Kreis der Gemeindeglieder.

Bewegungen und Ritual

1. Die folgende kleine Studie beobachtet an einem antiken griechischen Drama, den *Bakchen* des Euripides, wie dieser Dramatiker an einem kultischen Ritual die Bewegungen als sportliches Handeln versteht und in ihrer Dramatik für die Handlung seines Dramas einsetzt.

2. Bewegungen lassen sich zunächst analytisch unterscheiden (vgl. Mohr 2004)

- in solche, die etwas bewegen wollen, also funktionale Bewegungen. Sie bringen den Menschen an einen anderen Ort, bewegen einen Gegenstand an einen anderen Ort, wehren etwas ab, werfen etwas, aber auch Ruhezustände gehören zu den Bewegungen, wie das Sitzen, Stehen, Liegen.

- Davon zu unterscheiden sind Bewegungen, die etwas mitteilen. Rituale, das haben bereits die Verhaltensforscher (wie Konrad Lorenz) herausgearbeitet, sind weniger auf das Bewegen von etwas aus gerichtet, wollen vielmehr eine Mitteilung an ein Gegenüber übermitteln.

3. Eine Übertragung der Verhaltensforschung auf die Verhaltensweisen der Menschen, insbesondere in dem Handlungs- und Verhaltensrepertoire religiöser Rituale steht in der Gefahr, Rituale als Reste ursprünglich funktionaler Handlungen zu interpretieren (Burkert 1979; 1996). Wenn funktionale Bewegungen auch implizite Botschaften übermitteln können, so sind umgekehrt kommunizierende Bewegungen als Codes mit vereinbarter Bedeutung nicht biologistisch, sondern kulturell zu deuten.

4. Im Blick auf Aggression und Steuerungsverlust haben die Griechen die Zivilisierungsthese verfolgt: Sich wild und aggressiv zu verhalten, entspreche nicht-griechischem, nicht-zivilisiertem Verhalten: So verhalten sich Barbaren! In der Zivilisierung ihrer selbst, daß auch Griechen sich so barbarisch verhalten können, erzählen sie Geschichten, in denen durch das Fehlverhalten der Barbaren der zivilisierte Code griechischer Kultur durch das Gegenbild barbarischer Kultur beschrieben wird. Klassische Repräsentanten der Wildheit sind die im Norden Griechenlands lebenden Thraker.

5. Einer der Mythen, die griechische Kultur und thrakische Unkultur gegeneinander setzen, ist der Mythos von Orpheus, der von thrakischen Frauen zerrissen wird. Der Sänger und Träger griechischer Kultur, der mit seinem Gesang auch die Götter der Unterwelt erweichen konnte, weigert sich nach seinem Tod wieder zu heiraten und liebt

stattdessen lieber junge Burschen. Dafür erschlagen ihn die thrakischen Frauen als Mänaden.

6. Aby Warburg hielt – in einem Vortrag über Dürers Bild zu diesem Mythos – das Motiv der Liebesrache und des orgiastischen Mordens für einen »antiken Superlativ der Gebärdensprache«. Gebärdensprache sei den Menschen eingeprägt, nicht ein kultureller Code. Der Tod des Orpheus ist ein Musterbeispiel für die »Pathosformel« (Gombrich 1970). In die Mappe legt Warburg später einen kurzen Bericht über einen Mord in Rußland, bei dem »vom Blut trunkene« Kosaken eine junge Lehrerin mit Hämmern totschlagen und anschließend mit der Leiche »Fangball spielen«. Unter die Zeitungsnotiz setzt Warburg handschriftlich hinzu: »Der Tod des Orpheus. Die Rückkehr der ewig gleichen Bestie, gen. homo sapiens«.[7]

7. Dionysos, der Gott,[8] an dessen Fest einmal die Männer im Rausch, ein anderes Mal die Frauen in Ekstase die Zivilisation aufgeben und zerstören, um nach dem Fest wieder in die Zivilisation zurückzukehren, wird als ein Fremder »aus Thrakien« oder »aus Asien« erst nach heftigem Widerstand in den griechischen Städten aufgenommen (Auffarth 1991: 336-344). Das ist Mythos, nicht der historische Weg der Gottheit in die griechische Religion.[9] Dort ist Dionysos seit der Bronzezeit festes Mitglied. Mit ›Dionysos‹ ist eine Projektionsfläche gegeben, auf die Griechen die ihnen vertraute und doch fremde Ambivalenz von Zivilisierung und Enthemmung imaginieren können und in Festen der Umkehr (rituals of licence) spielen können (vgl. Auffarth 1991: 1-37).

Marathonlauf und Jagd: Das Mänadenritual als antiker Biathlon

1. Frauensport[10] im antiken Griechenland hat es besonders bei den Spartanerinnen gegeben (vgl. Späth/Wagner-Hasel 2000; Des Bouvrie 1995). Aber es sind doch im wesentlichen genderspezifische Bewegungskulturen: Bodybuilding und gebräunte Haut als Schönheitsideal für männliche Körper, helle Haut für Frauen. Für Frauen gilt ein Verbot

---

7 Schoell-Glass (1998: 89); die Zeichnung Dürers 1494 (Kunsthalle Hamburg) ist dort S. 84 abgebildet.

8 Otto (1933) entwickelt eine »Theologie« des Dionysos, der für ihn Nietzsches Lebensphilosophie verkörpert. Den Mythos von der Ankunft hebt er in dem Kapitel *Der kommende Gott* hervor.

9 Wie dies etwa der Klassiker Rohde (1894-95) darstellte. Für einen Überblick verweise ich auf Henrichs (1987).

10 Monika Fikus und Volker Schürmann machen mich darauf aufmerksam, daß Begriffe wie Marathonlauf, Sport, Training etc. vor der Ausdifferenzierung des Sports im 19. Jahrhundert allenfalls metaphorisch verwendet werden können.

der Teilnahme, ja des Zuschauens bei Olympischen Spiele, aber statt dessen wird eine eigene Frauenolympiade veranstaltet.

2. Frauen werden gerne in der Ambivalenz gesehen von Hausfrau und Mänade: Die athenischen Frauen, so hat man sie beschrieben, sind im Alltag eher »eingesperrt in den Harem«. Aber bei den Festen (vgl. Auffarth 1998; 1999) kommt es zur Auflösung der Rollen in spezifischen Frauenfesten. Eines davon ist das Mänadenfest, das alle zwei Jahre (trieterisch) gefeiert wurde (vgl. Deubner 1936; Burkert 1977; Bremmer 1996).

3. Das Bild der Mänade: die Zivilisation wird aufgegeben. *mainás* von *mainomai*: ›verrückt sein, besessen sein‹ – ohne den Unterton: von einem bösen Geist. Sie bringen die Ordnung der Polis, die politische Ordnung (die männliche Öffentlichkeit) durcheinander und verlassen sie, lassen die Männer im Stich. Dionysos als die Personifikation des die Zivilisation Durchbrechenden wird in drei ganz verschiedenen Kultformen und Kultteilnehmern repräsentiert:

- *Nur Männer* lassen sich von Dionysos, dem Weingott, erfüllen, beispielsweise in einem Wettsaufen am Anthesterienfest, wo derjenige gewinnt, der einen Dreiliterkrug (Chous, daher heißt der Tag Choenfest) am schnellsten ausgetrunken hat (vgl. Auffarth 1991: 202-276). Am Vortag wird Dionysos als *Gleukos* – Likörwein genossen.
- *Nur Frauen* sind zugelassen für das alle zwei Jahre stattfindende Mänadenritual. Die Frauen laufen einen Marathonlauf auf einen Berg (Kithairon) hinauf. Sie versammeln sich dort, um anschließend gemeinsam auf Jagd nach kleinen Tieren (Hasen, Rehkitz) zu gehen. Die gefangenen Tiere zerreißen die Frauen dann gemeinsam und essen das Fleisch roh. Die Kultur Verlassen und Durchbrechen als Code des Rituals. Die Teilnahme am Fest bedeutet aber nicht, daß die Frauen anschließend geächtet worden wären. Ältere Erklärungen verglichen das Ritual mit der ›Tanzwut‹ im späten Mittelalter, also als krankhaftes und chronisches Fehlverhalten, das epidemisch auftritt (Veitstanz). Aber die Mänaden treten kalendarisch und nicht epidemisch auf; Frauen werden hoch geehrt, bis dahin, daß eine römische Kaiserin sich rühmt, Mänade gewesen zu sein (vgl. Henrichs 1978; Schlesier 1993).
- Der Theater-Gott Dionysos dagegen vereinigt *die ganze Stadt*, Männer, Frauen und Kinder im Dionysos-Theater zu einem dreitägigen Wettbewerb um das beste Stück (vgl. Winkler/Zeitlin 1990; Graf 1998; Bierl 2002).

4. Euripides gestaltet in einer Tragödie das Fest der Mänaden *Bakchai* auf der Bühne in Athen. Athen hat 405 die materiellen Grundlagen sei-

ner Kultur verloren, hat seinen Stolz verloren als Verlierer eines Krieges, der sich bald 30 Jahre hinzog.[11]

5. Ich beschränke mich auf eine Interpretation des Stückes unter dem Gesichtspunkt der Bewegung.[12] Das Stück wird immer noch als ein rätselhafter Rückfall des als großen Aufklärer gewerteten Euripides in die Irrationalität verstanden.[13] Als Ekstasetechnik dagegen hat das bereits Jan Bremmer (1984) interpretiert.

(1) *Outfit*: Die Frisur wird gelöst und die Haare offen getragen (695); als Sportkleidung tragen sie über den *Peploi podereis* (833), also beinfreien Long-shirts, ein Fell eines kleinen Rehs; als Sportgerät einen Thyrsos (Stab mit einer Krone aus Efeu-/Weinblättern).

(2) *Schnelligkeit und Ausdauer – Laufen bis zur Erschöpfung*: Dionysos sagt, er habe die Frauen aus Theben gereizt zum Wahnsinn. Das griechische Wort für ›gereizt‹ ist die Vorsilbe, die in der Moderne von Medizinern für das Sexualhormon Östro-gen eingesetzt wurde, und bedeutet ›anstacheln‹, ›die Lust reizen‹: Hormone werden ausgeschüttet.[14] Auf dem Theater werden sie in Bewegung umgesetzt, indem der Chor *in kurzen Rhythmen staccato tanzt*. Die *Musik* dazu beschreibt der Dichter (159-163): »Phrygische Rufe und Schreie« schreit erst die eine Gruppe, dann im Wechsel die andere (576-603), begleitet von einer scharfen Pikkoloflöte, Rhythmus wird mit der Handpauke geschlagen (513). Der Gott wird in wildem Lauf voraus rennen, ohne seine Kräfte hauszuhalten, bis er schließlich auf dem Berggipfel umfällt (135-138), aber immer noch auf der Jagd nach einem kleinen Ziegenbock, dessen Blut er trinken will (138 – Red bull?). Die Frauen hinter ihm *hüpfen wie ein Fohlen* in flinkem Laufen (165-167). Die Strecke führt durch Wälder den steilen Berg hinauf. Sogar der Blinde und der Uralte, der Seher und der greise König wollen mit tanzrennen (170-214; 248-262). Der aktuell regierende König Pentheus (der »Leidende«) will das unterbinden, indem er Dionysos ins Gefängnis einsperrt. Seine Leute haben den Auftrag, Dionysos mit Stangen von einem Baum herunterzuhebeln (343-357; 434-450). Die Chorführerin versucht vergeblich, den König von –

---

11 Euripides verließ Athen kurz vor seinem Tod 407/06 v.Chr. und arbeitete die letzten Monate seines Lebens am Hof des Makedonischen Königs Archelaos, u.a. an dieser Tragödie. Sein Sohn brachte sie nach seinem Tod in Athen zur (Ur-)Aufführung, daher das traditionelle Datum »an den Dionysien« d.J. 405 (vgl. Seaford 1996: 25).

12 Die Interpretation des Stückes gibt viele komplexe Fragen auf. Verwiesen sei auf die Kommentare (s. *Grundlegende Literatur*), sowie Hose (1995: 161-168).

13 Vgl. Lesky (1971); Schmidt (1989); Hose (1995: 161-169). Zum angeblichen Atheismus des Euripides vgl. Riedweg (1990).

14 Ba 32f.: *ōstrēs' ego maníais*. Wieder 665 u.ö.

wie sie sagt – seinem Wahnsinn zu heilen; *er* sei krank, nicht die Mänaden oder die beiden alten Männer (326f.). Die Bilder sind dauernd ambivalent, Pentheus will Leid zufügen und muß doch selber leiden (367; 508); er jagt die Frauen und wird schließlich von ihnen gejagt; er will die Verrückten zu Ordnung und Vernunft zwingen und ist doch selbst verrückt (326f.) und zerstört die Ordnung. Die Wut macht ihn blind (628-630). Das Ritual wird zur Nacht hin ausgedehnt (486). Lichtblitze erscheinen den Sportlern im Erschöpfungszustand (594-599).

(3) *Konzentration und Timing – Die Jagd*: Entgegen der Vermutung des Königs – so berichtet der Augenzeuge – haben sich die Mänaden nicht berauscht mit Wein, sie treiben keinen Sex mit den ›armen‹ Männern. Die drei Mann(Frau-)schaften haben sich auf dem Berg getroffen und schlafen nun im Freien (685-688). Da erhebt eine der Mannschaftsführerinnen, Agaue (die Mutter des Pentheus), einen spitzen Schrei (689).[15] Die Mänaden machen sich auf die Jagd und töten, was sie fangen, indem sie es mit den Händen zerreißen. Ein Tier mit Haut zu zerreißen, das noch mit Muskeln fest verbunden ist am Körper, ist kaum möglich; allein schon die Sehnen halten zäh und stark: Dazu bedarf es einer erheblichen Muskelkraft. König Pentheus ergreift die unwiderstehliche Lust, beim Fest der Frauen zuzusehen; da Männer das nicht dürfen, kleidet er sich in den auffälligen Mänaden-Sportdress. Damit aber macht der, der die Mänaden jagen wollte, sich selber zum Gejagten (847-861).

(4) *Kraft und schwerathletische Disziplinen*: Als Pentheus von den Mänaden nicht genügend sehen kann, biegt Dionysos eine Fichte so herunter (1064-1075, »wie einen Sportbogen« *tóxon*),[16] daß Pentheus auf die Baumspitze aufsteigen kann und dann nach oben geliftet wird. Damit wird aber der, der die anderen sehen wollte, selbst sichtbar für die Mänaden. Der Späher wird erspäht. Dionysos gibt das Kommando zur Jagd. Nach kurzem absolutem Schweigen (wie es vor jedem Opferritual vom Priester geboten wird[17]) stürmen die Frauen los: Sie *werfen Steine* gegen den Pentheus oben auf der Baumspitze, Äste verwenden sie zum *Speerwurf* (1097f.). Dann untergraben sie die Wurzeln und hebeln den Baum aus seiner Verwurzelung. Endlich gelingt auch ihnen die übermenschliche Anstrengung, den Baum nach unten zu beugen. Übermenschlich: Nur

---

15 Die *ololygè* (Ba 689). Das ist der Schrei, den zu erheben beim Schlachten/-Opfern eines Tieres Aufgabe der Frauen ist, wenn das Tier verröchelt.

16 Zum antiken Sportbogen/Kompositbogen vgl. Auffarth (1991: 502-523).

17 Die ›natürliche‹ Interpretation (so etwa Tschiedel [1977: 73]: »Es ist wie ein letztes tiefes Atemholen der Natur vor dem furchtbaren Ausbruch.«) ist ein modernes Verständnis.

der Gott hatte den Baum so nach unten beugen können, jetzt, den Gott in sich, vermögen es auch die ›schwachen‹ Frauen (1206f.). Pentheus fällt zu Boden. Seine Mutter fällt über ihn her. Sie erkennt ihren Sohn nicht. Schaum tritt aus ihrem Mund: Sie hat ihr Wachbewußtsein verloren (1122f.). Sie reißt seinen Arm aus; die Kraft hat sie nicht aus sich selbst, sondern »von Dionysos«. Seine eigene Mutter, Agaue, spießt den Kopf des Sohnes auf ihren Thyrsos und rennt damit hinunter in die Stadt. Wutanfall, Kontrollverlust haben zur Folge eine Einengung des Gesichtsfeldes und die Erkenntnisfähigkeit wird durch das übermächtige limbische System überschwemmt. In der Stadt wird sie jubelnd empfangen und gefeiert: »Selige Agaue!« (1179; 1242 ein Makarismós) rufen die anderen Mänaden ihr zu. Der Chor kommentiert »Unglückliche!«. Die Jägerinnen sind nicht griechisch zivilisiert, wenn sie aufgerufen werden als »Asiatische Mänaden« (1167).

(5) *Erschöpfung und Abklingen des Enthusiasmós*: Im Gespräch mit ihrem alten Vater kommt die wahnsinnige Agaue allmählich wieder zu Verstand und erkennt nun, was sie wirklich getan hat: den eigenen Sohn umgebracht. Der Gott in ihr (*theòs en* [*autè*] – davon griech. *enthousiasmós* Gottergriffenheit) schwindet und es kehrt zurück der Verstand, sie ist statt *éntheos* jetzt *ennous* (Ba 1270). Sie kann jetzt erst wieder sehen: Was sie die ganze Zeit für das Haupt eines Löwen hielt, den sie erjagt, ist in Wirklichkeit der Kopf ihres Sohnes. Sie kann sich an nichts erinnern; erst durch die Anamnese mit ihrem Vater kehrt die Erinnerung zurück (1271ff.). Sie beginnt ihren Sohn rituell für die Bestattung vorzubereiten und erkennt ihre Wahnsinnstat. Der Gott Dionysos – der doch die Tat letztlich verursacht hatte – spricht schließlich das Urteil über die ganze Familie (1330-1367): Der Sohn ist tot, die Mutter muß ins Exil, selbst der alte Vater Kadmos muß noch trotz seines Alters – und getrennt von seiner Tochter – auswandern zu einem Barbarenvolk.

Schluß

1. Das Beispiel des Mänadenkultes wurde von dem für seine einfühlsame, ja geradezu intime Beobachtung gerühmten Tragödiendichter Euripides in seinem letzten Stück *Bakchai* kurz vor seinem Tod (407/06 v.Chr.) beschrieben. Die ›Verrücktheit‹ (griech. *mainomai*, daher *Mainades/Mänaden mainádes*), nach der heutigen Terminologie ›Veränderter Bewußtseinszustand‹ oder ›altered state of consciousness‹,[18] führt in

---

18 Darunter sind zu zählen: Schlaf, Traum, Hypnose, Halluzination, Trance, Besessenheit, Meditation, Mystik, drogeninduzierte Bewußtseinserweiterung u.ä. Eine knappe Zusammenfassung in *LexPsy* 141-146, bes. 143.

scinem Stück bis zum Mord der Mutter an ihrem Sohn und zur Katastrophe der rational regierten Stadt.

2. Der Kult (im Unterschied zu dem literarisch zur Katastrophe dramatisierten Kult) des Mänaden-Rituals läßt sich als eine Ekstasetechnik beschreiben, um durch Bewegung den veränderten Bewußtseinszustand zu erreichen:[19] Dabei ist wichtig, daß solche Zustände nicht mehr als abnorm oder pathologisch gewertet werden, weil der Verstand die Herrschaft über die Triebe verlieren würde, sondern das Körperbewußtsein und die Verausgabung der Kräfte in der Form dieses ›Biathlons‹ vermag die Alltagsmuster und die gewohnten Synapsenwege von Wahrnehmung, Codierung, Handeln verändern. Bewegung, Atmung, Gefäßerweiterung, körpereigene Opiate (Endorphine) usf. spielen dabei eine zentrale Rolle; sie können eingeleitet und verstärkt werden durch rhythmische Bewegungen und Musik, auch durch Intoxikation (»Rauschmittel«).[20] Griechisch (vgl. Padel 1992) wären Begriffe wie *ekstasis* (aus sich heraustreten), *enthousiasmós* (Gott in mir; Begeisterung), *theolepsie/epilepsie* (Gott befällt mich), *mysteria* (eine Bedeutung: Augen schließen), harpageîs (entführt).[21]

3. Die Frauen ohne die Bindungen ihrer unter männlich dominierter Stadtöffentlichkeit eingeengten Bewegungsmöglichkeit in lockerer Bekleidung und aufgelöstem Haar beginnen mit einem Marathonlauf unter den erschwerten Bedingungen dünner Bergluft. Die Bewegung wird durch Handpauken und scharfe, spitze Flötentöne begleitet und wird über den Punkt der Erschöpfung hinaus fortgeführt. Die Schlafphase in kühler Nacht im Freien auf dem Berge läßt die erweiterten Gefäße wieder einengen, die Herzfrequenz reduzieren, das Blut aus der Peripherie sich im Zentrum zusammenziehen. Es folgt die Phase hoher Konzentration, in der die Frauen Tiere anschleichen, also Atmung reduzieren, Adrenalin erhöhen, um dann in Sekundenbruchteilen in extremer Schnelligkeit des Laufens losstürmen zu können: Aggressivität explodiert. Die nächste Phase erfordert enorme Kraft, um die Jagdbeute zerreißen zu können. Euripides verstärkt besonders diese Phase durch den Vergleich mit dem Spannen eines Bogens, das Ausheben von tief eingewurzelten Bäumen. Die nächste Phase ist der Triumph, der Wunsch, Gemeinschaft zu fühlen, alle zu umarmen, sich feiern lassen. Emotional ist das nach der Endorphinausschüttung der Verlust des Ich-

---

19 Sehr genau beschrieben von Welte (1990); davor Crapanzano (1973).

20 Eine Tübinger Ringvorlesung hatte die Einführung human- und kulturwissenschaftlicher Erkenntnisse und Methoden in die Religionswissenschaft signalisiert: Cancik (1978); besonders der Beitrag von Gladigow (1978).

21 Paulus beschreibt die nicht durch eigenen Willen herbeizuführende mystische Erfahrung als »Entführung« (2. Korinther 12); lat. *raptus*.

bewußtseins und der emotionalen Innendynamik. Schließlich schwindet das Glücksbewußtsein wieder und hinterläßt ein emotionales Tal. Dieser Phase folgend kehrt jetzt der Zustand der Erschöpfung, des Ausgepumptseins ein, der doppelt so stark empfunden wird, weil er bereits vorher aufgetreten und da schon die körperlichen und emotionalen Reserven über das Menschenmögliche ausgeschöpft hatte.

4. Der griechische Dichter Euripides (485/480-406) erweist sich als ein äußerst feinfühlig beobachtender Psychologe.

5. Die vergleichende Beobachtung aus einer anderen Bewegungskultur kann wechselseitig zu Fragen und Prüfung von Modellen führen, die sich in einer Bewegungskultur wie der europäischen unter dem Einfluß christlicher Codierung ganz anders entwickelt hat.

Literatur

Ba   Euripides, Bakchai (Vers).
DNP   Der Neue Pauly. 16 Bände, 1996-2003.
LexPsy Thomas Städtler (1998): *Lexikon der Psychologie.* Stuttgart: Kröner.
MLR   Christoph Auffarth/Jutta Bernard/Hubert Mohr (Hrsg.): *Metzler Lexikon Religion. Gegenwart, Alltag, Medien.* 4 Bände, Stuttgart/Weimar: Metzler 1999-2002.

Zitierte Literatur

Alkemeyer, Thomas (1996): *Körper, Kult und Politik. Von der ›Muskelreligion‹ Pierre de Coubertins zur Inszenierung von Macht in den Olympischen Spielen von 1936,* Frankfurt/M.: Campus.

Auffarth, Christoph (1991): *Der drohende Untergang. ›Schöpfung‹ in Mythos und Ritual im Antiken Orient und in Griechenland am Beispiel der Odyssee und des Ezechielbuches,* Berlin/New York: de Gruyter.

Auffarth, Christoph (1998), »Fest, Festkultur«. In: DNP 4, S. 486-493.

Auffarth, Christoph (1999), »Feste als Medium antiker Religionen: Methodische Konzeptionen zur Erforschung komplexer Rituale«. In: Christophe Batsch/Ulrike Egelhaaf-Gaiser/Ruth Stepper (Hrsg.), *Zwischen Krise und Alltag. Antike Religionen im Mittelmeerraum/Conflit et normalité. Religions anciennes dans l'espace méditeranéen,* Stuttgart: Steiner.

Auffarth, Christoph/Mohr, Hubert (2000): »Religion«. In: MLR 3, S. 160-172.

Bierl, Anton F. (2002): *Der Chor in der Alten Komödie. Ritualität und Performativität,* Leipzig/München: Saur.

Brandstetter, Gabriele (1995): *Tanz-Lektüren. Körperbilder und Raumfiguren der Avantgarde,* Frankfurt/M.: Fischer.

Bremmer, Jan N. (1984): »Greek Maenadism reconsidered«. In: Zeitschrift für Papyrologie und Epigraphik 55, S. 267-286.

Bremmer, Jan N. (1996): *Götter, Mythen und Heiligtümer im antiken Griechenland,* Darmstadt: Wissenschaftliche Buchgesellschaft.

Bremmer, Jan N. (1998): »›Religion‹, ›Ritual‹ and the Opposition ›Sacred vs. Profane‹: Notes Towards a Terminological ›Genealogy‹«. In: Fritz Graf (Hg.): *Ansichten griechischer Rituale. Festschrift für Walter Burkert*, Stuttgart/Leipzig: Teubner, S. 9-32.

Bromberger, Christian (1995/1998):»Fußball als Weltsicht und als Ritual«. In: Andrea Bélliger/David J. Krieger (Hg.), *Ritualtheorien*, Opladen: Westdeutscher Verlag, S. 285-301.

Burkert, Walter (1977): *Griechische Religion der archaischen und klassischen Epoche*, Stuttgart: Kohlhammer.

Burkert, Walter (1979): *Structure and History in Greek Mythology and Ritual* (Sather Classical Lectures 47) Berkeley/Los Angeles: UP.

Burkert, Walter (1996/1998): *Religionen des Altertums*, München: Beck.

Cancik, Hubert (Hg.) (1978): *Rausch – Ekstase – Mystik*, Düsseldorf: Kösel.

Crapanzano, Vincent (1973/1981): *Die Hamadša. Eine ethnopsychiatrische Untersuchung in Marokko*, Stuttgart: Klett-Cotta.

Des Bouvrie, Synnøve (1995):»Gender and the Games at Olympia«. In: Brita Berggreen/Nano Marinatos (Hg.), *Greece and Gender*, Bergen, S. 55-74.

Deubner, Ludwig (1936/1966): *Attische Feste*, Berlin: Akademie.

Elias, Norbert (1939/2002): *Über den Prozess der Zivilisation. 2 Bände*, Frankfurt/M.: Suhrkamp.

Elias, Norbert/Dunning, Eric (1984): *Sport im Zivilisationsprozess. Studien zur Figurationssoziologie*, Münster: Lit.

Elias, Norbert/Dunning, Eric (2003): *Sport und Spannung im Prozeß der Zivilisation* (Elias, Gesammelte Schriften, Band 7), Frankfurt/M.: Suhrkamp.

Georgiadis, Konstantinos (2000): *Die ideengeschichtliche Grundlage der Olympischen Spiele im 19. Jh. in Griechenland und ihre Umsetzung 1896 in Athen*, Kassel: Agon.

Gladigow, Burkhard (1978):»Ekstase und Enthusiasmos. Zur Anthropologie und Soziologie ekstatischer Phänomene«. In: Cancik 1978, S. 23-40.

Gombrich, Ernst H. (1970/1981): *Aby Warburg. Eine intellektuelle Biographie*, Frankfurt/M.: Europäische Verlagsanstalt.

Graf, Fritz (1998):»Die kultischen Wurzeln des antiken Schauspiels«. In: Gerhard Binder/Bernd Effe (Hg.), *Das antike Theater. Aspekte seiner Geschichte, Rezeption und Aktualität*, Trier: wvt, S. 11-32.

Graff, Paul (1921/1938): *Geschichte und Auflösung der alten Gottesdienstlichen Formen in der Evangelischen Kirche Deutschlands bis zum Eintritt der Aufklärung und des Rationalismus. 2 Bände,* Göttingen: Vandenhoeck & Ruprecht.

Groppe, Carola (2000):»Körperkultur«. In: DNP 14, S. 1042-1054.

Henrichs, Albert (1978):»Greek Maenadism from Olympias to Messalina«. In: Harvard Studies in Classical Philology 82, S. 121-160.

Henrichs, Albert (1987): *Die Götter Griechenlands*, Bamberg: Buchner.

Hollenweger, Walter J. (1979/1990): *Erfahrungen der Leiblichkeit*, München: Kaiser.

Hose, Martin (1995): *Drama und Gesellschaft. Studien zur dramatischen Produktion in Athen am Ende des 5. Jahrhunderts*, Stuttgart: Metzler&Poeschel.

Lesky, Albin (1971): *Geschichte der Griechischen Literatur*, Bern: Francke.

Martin, David (1990): *Tongues of Fire. The Explosion of Protestantism in Latin America*, Oxford: UP.

Meuli, Karl (1926/1976): *Der griechische Agon. Kampf und Kampfspiel im Toten-brauch, Totentanz, Totenklage und Totenlob*, Basel: Schwabe.

Mohr, Hubert (2004): »Religion in Bewegung. Religionsästhetische Überlegungen zur Aktivierung und Nutzung menschlicher Motorik«. In: Münchner Theologische Hefte, i.Dr.

Otto, Walter F. (1933): *Dionysos*, Frankfurt: Klostermann.

Padel, Ruth (1992): *In and Out of the Mind*, Princeton: UP.

Reeder, Ellen D. (1995/1996): *Pandora. Frauen im Klassischen Griechenland* (Ausstellung Baltimore 1995; dt. Ausgabe für Basel 1996), Mainz: von Zabern.

Riedweg, Christoph (1990): »The ›Atheistic‹ Fragment from Euripides' Beller-ophontes (286 N²)«. In: Illinios Classical Studies 15, S. 39-53.

Rohde, Erwin (1894-95/1898): *Psyche. Seelencult und Unsterblichkeitsglaube. 2 Bände*, Freiburg: Mohr.

Schlesier, Renate (1993): »Mixtures of Masks. Maenads als Tragic Models«. In: Thomas Carpenter/Christopher Faraone (Hg.), *Masks of Dionysus*, Cornell: UP, S. 89-114.

Schmidt, Jochen (1989): »Der Triumph des Dionysos. Aufklärung und neureligiöser Irrationalismus in den Bakchen des Euripides«. In: ders. (Hg.), *Aufklärung und Gegenaufklärung in der europäischen Literatur*, Darmstadt: Wissenschaftliche Buchgesellschaft, S. 56-71.

Schoell-Glass, Charlotte (1998): *Aby Warburg und der Antisemitismus. Kulturpolitik und Geistespolitik*, Frankfurt/M.: Fischer.

Schulze, Janine (2003): »Tanz«. In: DNP 15/3, S. 358-364.

Sinn, Ulrich (2001): »Olympia«. In: DNP 15/1, S. 1166-1174.

Späth, Thomas/Wagner-Hasel, Beate (Hg.) (2000): *Frauenwelten in der Antike*, Stuttgart: Metzler.

Tschiedel, Jürgen (1977): »Natur und Mensch in den ›Bakchen‹ des Euripides«. In: *Antike und Abendland* 23, S. 64-76.

Welte, Frank Maurice (1990): *Der Gnawa-Kult. Trancespiele, Geisterbeschwörung und Besessenheit in Marokko*, Frankfurt/M. u.a.: Lang.

Winkler, John J./Zeitlin, Froma I. (Hg.) (1990): *Nothing to do with Dionysos? Athenian Drama in its Social Context*, Princeton, N.J: UP.

Winter, Engelbert (1998): »Die Stellung der frühen Christen zur Agonistik«. In: Stadion 24, 1, S. 13-29.

Grundlegende Literatur

Zivilisationsprozess:
Duerr, Hans Peter (1988-2003), *Der Mythos vom Zivilisationsprozeß. 5 Bände*, Frankfurt: Suhrkamp.
Elias 1939.
Elias/Dunning 2000.

Muchembled, Robert (1988/1990): *Die Erfindung des modernen Menschen. Gefühlsdifferenzierung und kollektive Verhaltensweisen im Zeitalter des Absolutismus*, Reinbek: Rowohlt.

Bewegungen in der Antike:

Bremmer, Jan N. (1991):»Walking, Standing, and Sitting in Ancient Greek Culture«. In: Jan N. Bremmer/Herman Roodenburg (Hg.), *A Cultural History of Gesture. From Antiquity to the Present Day*, Cambridge: Polity, S. 15-35.

Fehr, Burkhard (1979): *Bewegungsweisen und Verhaltensideal*. Bad Bramstedt: Moreland.

Herter, Hans (1959):»effeminatus«. In: *Reallexikon für Antike und Christentum* 4, S. 619-650.

Sittl, Carl (1890/1970): *Die Gebärden der Griechen und Römer*, Hildesheim: Olms.

Gender in der Antike:

Eggers, Brigitte (2000):»Gender Studies«. In: DNP 14, S. 111-121.

Reeder 1995/1996.

Späth/Wagner-Hasel 2000.

Sport in der Antike:

Weiler, Ingomar: Quellendokumentation (zweisprachig) zur Gymnastik und Agonistik/zur Schwerathletik. Texte übersetzt und kommentiert von Georg Doblhofer/Peter Mauritsch; sporthistorischer Kommentar von Monika Lavrenic (Band 1-3). Weimar: Böhlau.
Band 1: *Diskos* (Wien/Köln 1991); Band 2: *Weitsprung* (1993); Band 3: *Speerwurf* (1993); Band 4: *Boxen* (1995); Band 5: *Pankration* (1996); Band 6: *Ringen* (1998); Band 7: *Laufen* (von Therese Aigner 2002).

Finley, Moses I./Pleket, Harry W. (1976): *Die Olympischen Spiele in der Antike*, Tübingen: Wunderlich.

Golden, Mark (1998): *Sport and Society in Ancient Greece*. Cambridge UP.

Herrmann, Hans Volkmar (1972): *Olympia. Heiligtum und Wettkampfstätte*, München: Hirmer.

Meier, Mischa (1996):»Apopudobalia. Vorform des neuzeitlichen Fußballspiels«. In: DNP 1: S. 895.
(Die Aufsehen erregende Entdeckung einer Vorform ist (schade!) ein nicht ganz ernst zu nehmender Ulk. Im gleichen Lexikon aber viele Artikel bes. von Wolfgang Decker, die sehr ernst und auf neuestem Stand das Material darstellen.)

Miller, Stephen G. (1991): *Arete: Greek Sports from Ancient Sources*, Berkeley UP.

Sinn, Ulrich (2002): *Olympia. Kult, Sport und Fest in der Antike*, München: Beck.

Sinn, Ulrich (2004): *Das antike Olympia. Götter, Spiel und Kunst*, München: Beck.

Dionysos und Euripides' Bakchai:
Ausgaben, Übersetzungen, Kommentare zu Euripides' Drama:
Diggle, James (1994) (Hg.): *Euripides, Fabulae.* Vol. 3, Oxford: UP, S. 287-356.
Euripides, *Sämtliche Tragödien und Fragmente* (übers. von Ernst Buschor, hg. von Gustav Adolf Seeck), Band 5, München: Heimeran 1977, S. 255-353.
Euripides' Bacchae, with ... Commentary by Eric Robertson Dodds, Oxford 1951/ ²1960.
Euripides' Bacchae, with ... Commentary by Richard Seaford, Warminster 1996.

Rezeption:
Alkemeyer 1996.
Gummert, Peter (2003):»Sport«. In: DNP 15/3, S. 208-219.
Müller, Norbert (1997):»Coubertin und die Antike«. In: Nikephoros 10, S. 289-302.
Weiler, Ingomar (2001):»Zur Rezeption des griechischen Sports im Nationalsozialismus: Kontinuität oder Diskontinuität in der deutschen Ideengeschichte?«. In: Beat Näf (Hg.), *Antike und Altertumswissenschaft in der Zeit von Faschismus und Nationalsozialismus,* Mandelbachtal/Cambridge. UP, S. 267-284.

Ekstase:
Gladigow 1978.
Mohr, Hubert (2000):»Vision/Audition«. In: MLR 3, S. 570-577.
Mohr, Hubert (2000):»Wahrnehmung/Sinnessystem«. In: MLR 3, S. 620-633.
Welte, Frank Maurice (2000):»Trance(-techniken)«. In: MLR 3, S. 521-525.

Sport in der römischen Kaiserzeit:
Ebert, Jochim (2000):»Zur neuen Bronzeplatte mit Siegerinschriften aus Olympia Inv. 1148«. In: Stadion 24, 1, S. 217-234.
Fortuin, Rigobert W. (1996): *Der Sport im augusteischen Rom. Philologische und sporthistorische Untersuchungen; mit einer Sammlung, Übersetzung und Kommentierung der antiken Zeugnisse zum Sport in Rom.* Stuttgart: Steiner.
Orth, Wolfgang (1998):»Kaiserzeitliche Agonistik und althistorische Forschung«. In: Stadion 24, 1, S. 1-12.

Autorinnen und Autoren

Katrin Albert, *1975, ist wissenschaftliche Mitarbeiterin im Fachgebiet Sportpädagogik an der Sportwissenschaftlichen Fakultät der Universität Leipzig. Ihren Abschluss als Magister Artium erlangte sie in den Fächern Sportwissenschaft und Erziehungswissenschaft an der Friedrich Schiller Universität Jena. e-mail: albert@rz.uni-leipzig.de

Christoph Auffarth, *1951, ist Professor für Religionswissenschaft an der Universität Bremen. Studium der Altertumswissenschaften (Griechisch, Latein, Alte Geschichte, Archäologie, Papyrologie), der Geschichte (Schwerpunkt: Mediävistik, Byzantinistik), der Religionswissenschaft und der Theologie in Heidelberg, Athen und Tübingen 1970-1975. Studienrat am Gymnasium in Tübingen bis 1982. Erziehung der Kinder. Buchveröffentlichungen: *Der drohende Untergang. Rituelle und mythische Darstellung der ›Schöpfung‹ im Alten Orient und in Griechenland am Beispiel der Odyssee und des Ezechielbuches* (1991). Habilitation zu *Hera und ihre Stadt Argos*. 1996 Promotion in Theologie an der Rijksuniversiteit Groningen *Irdische Wege und himmlischer Lohn: Kreuzzug, Jerusalem, Fegefeuer* (2002). Lehrtätigkeit in Tübingen, Bern, Basel, Göttingen. Herausgeber der Lexika *Metzler Lexikon Religion*, 4 Bände 1999-2002. *Wörterbuch der Religionen*, Kröner 2005. e-mail: auffarth@uni-bremen.de

Monika Fikus, *1957, Studium der Fächer Sportwissenschaft, Politikwissenschaft, Psychologie und Physik, Promotion 1988 TU Braunschweig, Habilitation 1994 Universität der Bundeswehr München, seit 1995 Professorin für Bewegungs- und Trainingswissenschaft an der Universität Bremen. Arbeitsschwerpunkte sind die Zusammenhänge von Wahrnehmung und Bewegung, Bewegungs- und Wahrnehmungsförderung sowie Konzeptionen menschlicher Bewegung. Buchveröffentlichungen: *Visuelle Wahrnehmung und Bewegungskoordination* (1989);

Sich-Bewegen. Wie Neues entsteht. Emergenzthorien und Bewegungslernen (1996, Hg. zus. m. L. Müller); Aufsätze zu Konzepten menschlicher Bewegung und Psychomotorik.
e-mail: mfikus@uni-bremen.de

Eckehard Fozzy Moritz, *1961, ist Leiter der SportKreativWerkstatt, einem Kompetenzzentrum für Innovation im Sport an der TU München. Er hat in München Maschinenbau studiert, in Tokyo zum Thema Produktinnovation in Japan promoviert und als Gastdozent u.a. in Cincinnati, Bangkok und Puebla/Mexico gelehrt. Buchveröffentlichungen u.a.: *Im Osten nichts Neues* (1996); *Sports, Culture, and Technology – an Introductory Reader* (2003, Hg.); *Sporttechnologie zwischen Theorie und Praxis – Innovation, Modelle und Methoden* (2004, Hrsg.); sowie Aufsätze zu Themen wie systematische Innovation, kooperative Innovation, Kultur und Technik. e-mail: efm@sportkreativwerkstatt.de

Volker Schürmann, *1960, ist Hochschuldozent für Sportphilosophie und Sportgeschichte an der Sportwissenschaftlichen Fakultät der Universität Leipzig. Nach dem Lehramts-Studium von Mathematik und Philosophie an der Universität Bielefeld hat er am Studiengang Philosophie der Universität Bremen promoviert und habilitiert. Buchveröffentlichungen u.a.: *Zur Struktur hermeneutischen Sprechens. Eine Bestimmung im Anschluß an Josef König* (1999); *Heitere Gelassenheit* (2002); *Muße* (2001, 22003); sowie Aufsätze u.a. zu Plessner und Cassirer.
e-mail: vschuer@rz.uni-leipzig.de

Bernhard Streck, *1945, leitet seit 1994 das Institut für Ethnologie der Universität Leipzig. Zuvor hat er an den Universitäten Heidelberg, Mainz, Gießen, Berlin (FU), Frankfurt am Main und Basel/Schweiz studiert oder gelehrt. Seine Spezialgebiete sind Religionsethnologie, Fachgeschichte, Ethnographie Nordostafrikas und Tsiganologie. Buchveröffentlichungen: *Sudan* (1982); *Wörterbuch der Ethnologie* (1987/2000); *Die Halab* (1996), *Fröhliche Wissenschaft Ethnologie* (1997); *Ethnologie und Nationalsozialismus* (2000); *Translation and Ethnography* (zus. mit Tullio Maranhao, 2003). e-mail: streck@rz.uni-leipzig.de

Neuerscheinungen zum Thema Körper:

Monika Fikus,
Volker Schürmann (Hg.)
Die Sprache der Bewegung
Sportwissenschaft als
Kulturwissenschaft
November 2004, 142 Seiten,
kart., 14,80 €,
ISBN: 3-89942-261-9

Mirjam Schaub,
Stefanie Wenner (Hg.)
Körper-Kräfte
Diskurse der Macht über
den Körper
November 2004, 190 Seiten,
kart., 23,80 €,
ISBN: 3-89942-212-0

Franck Hofmann,
Jens E. Sennewald,
Stavros Lazaris (Hg.)
**Raum – Dynamik / dynamique
de l'espace**
Beiträge zu einer Praxis des
Raums / contributions aux
pratiques de l'espace
Oktober 2004, 356 Seiten,
kart., 26,80 €,
ISBN: 3-89942-251-1

Robert Gugutzer
Soziologie des Körpers
Oktober 2004, 218 Seiten,
kart., 14,80 €,
ISBN: 3-89942-244-9

Gabriele Klein (Hg.)
Bewegung
Sozial- und kultur-
wissenschaftliche Konzepte
Juni 2004, 306 Seiten,
kart., 26,80 €,
ISBN: 3-89942-199-X

Gunter Gebauer,
Thomas Alkemeyer,
Bernhard Boschert,
Uwe Flick, Robert Schmidt
Treue zum Stil
Die aufgeführte Gesellschaft
Mai 2004, 148 Seiten,
kart., 12,80 €,
ISBN: 3-89942-205-8

Karl-Heinrich Bette
X-treme
Zur Soziologie des Abenteuer-
und Risikosports
Februar 2004, 158 Seiten,
kart., 14,80 €,
ISBN: 3-89942-204-X

Leseproben und weitere Informationen finden Sie unter:
www.transcript-verlag.de